美丽乡村
工业化建筑建成图集

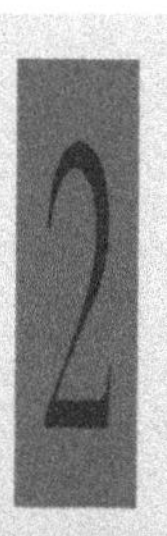

“十二五”国家科技
支撑计划课题资助
编号：2013BAJ10B13

美丽乡村工业化住宅与环境创意设计丛书
徐小东　主编

东南大学　张宏　徐小东　等著

东南大学出版社
SOUTHEAST UNIVERSITY PRESS
南京・2016

内容提要

美丽乡村建设与建筑工业化是当今我国城乡建设中普遍关注的热点问题。本书力求立足美丽乡村建设，为广大乡村建设实践提供工业化技术支撑。在“十二五”国家科技支撑计划课题（2013BAJ10B13）的资助下，我们遴选了研究团队近年来建成的基于轻型结构的农村住宅和多功能用房的部分成果并汇编成册，基本涵盖了“未来生态屋”“无结构板式农民房”“书蜗”等实践内容。

本书内容丰富、新颖实用，既可对广大农民建设新家园起到直接的实践指导作用，也可为规划建设管理者、对工业化建筑感兴趣的专业设计人员和学生提供一定的参考。

图书在版编目（CIP）数据

美丽乡村工业化建筑建成图集 / 张宏，徐小东等著.
—南京：东南大学出版社，2016.12(2017.5 重印)
（美丽乡村工业化住宅与环境创意设计丛书/徐小东主编）
ISBN 978-7-5641-6923-7

Ⅰ.①美… Ⅱ.①张… ②徐… Ⅲ.①农村-工业建筑-中国-图集 Ⅳ.①TU27-64

中国版本图书馆CIP数据核字（2016）第 317012 号

书　　名：美丽乡村工业化建筑建成图集
著　　者：张宏　徐小东 等
责任编辑：孙惠玉　徐步政　　编辑邮箱：894456253@qq.com

出版发行：东南大学出版社
社　　址：南京市四牌楼 2 号（210096）
网　　址：http://www.seupress.com
出 版 人：江建中

印　　刷：虎彩印艺股份有限公司
开　　本：787mm×1092mm　1/16　　印张：7.75　　字数：180 千
版 印 次：2016 年 12 月第 1 版　　2017 年 5 月第 2 次印刷
书　　号：ISBN 978-7-5641-6923-7　　定价：39.00 元

经　　销：全国各地新华书店　　发行热线：025-83790519　83791830

CONTENTS

目 录

前 言

FOREWORD

农村传统住宅基于自建模式，利用当地的材料建房，形成相对封闭的材料到构件的加工装配以及构件再利用方式，作为传统建造系统的核心沿用至今，没有根本改变手工建造的特征。近 30 多年来，随着砖和钢筋混凝土的用量在新农村房屋建设中逐步占主导地位，不仅没有动摇手工建造模式的基础，而且随着总体建设规模的加大，对环境的不利影响也随之加大。建筑建造过程中的能耗和废弃物增多，基于重型构件现场加工和粗犷施工，农村房屋的安全性反而有所下降，与居住者生活密切相关的室内环境的健康性在很多情况下得不到保证，因此，广大农村亟待建立和开发能综合保障安全、健康，既符合节能减排要求，又能体现地方文化传承的建造系统和房屋产品。

东南大学建筑学院及其协同团队，经 12 年的不懈努力，开发了基于轻型框式构件的多用途房屋系统，开发了基于装配式刚性钢筋笼技术的低层免拆模钢筋混凝土房屋建造技术。这不仅拓展了新农村工业化房屋建造技术，而且还优化了农村房屋性能，保障了农村房屋的安全，让居住者拥有健康的室内环境。为实现农村居民用上好房子的目标，进行了设计研发、实验建造、性能测试和应用推广。

本书选择了典型案例汇编成册。在“十二五”国家科技支撑计划课题“水网密集地区村镇宜居社区与工业化小康住宅建设关键技术研究与集成示范”研究过程中，运用团队协同的力量进行了工程示范，在一定程度上推动了农村房屋建设的进步和可持续发展。现将阶段性成果汇编成本书，供同行参考。希望继续优化发展有价值的技术，使适合新农村需要的房屋系统的设计研发更上一层楼，为推进城乡建设的可持续发展尽一份力量。是以此为前言。

东南大学建筑学院
张　宏
2016 年 12 月 22 日于容园

ROLL CALL

编制名单

编制单位：东南大学建筑学院

编制人员：

1. “梦想居”未来屋：张　宏　徐小东　刘庆俊　张大展　张　弦　李向锋　吕锡武　吴义锋　张莹莹　毕懋杨　苏义宸　段伟文　王博磊　石刘睿恬

2. 卢家巷村民活动中心：张　宏　徐小东　刘庆俊　张大展　张　弦　李向锋　张睿哲　孟　斌　张　诺　石刘睿恬

3. “书蜗”悦读空间：吴奕帆　徐小东　张　宏　刘庆俊

4. 侯家洼村民公共活动中心：徐小东　张　宏　孙晓曦　安　帅　徐　宁　刘梓昂　张　炜　王　艺　吴奕帆　葛雪苹　严如杰　刘静萍　殷晨欢　沈宇驰

编制说明

EXPLAIN

1. 本书是在“十二五”国家科技支撑计划课题“水网密集地区村镇宜居社区与工业化小康住宅建设关键技术研究与集成示范”（项目编号：2013BAJ10B13）部分教学、科研成果的基础上，根据《轻型钢结构住宅技术规程》《轻型木结构建筑设计手册》（结构设计分册）、《轻型钢结构设计实例》（结构专业）等法规、政策、技术规范标准以及东南大学张宏教授团队所拥有自主知识产权的轻型结构房屋体系编制而成。

2. 本书编制原则如下：遵循实用、经济、美观以及安全、节约的原则，打造具有工业化特点的节地、节能型乡村农宅与建筑。乡村建筑设计须尊重村民的生活习惯和生产特点，同时加强引导卫生、舒适、节约的生活方式。基于工业化建造的乡村建筑风格和材料选择仍应适应乡村特点，体现地方特色，并与周边环境相协调。

3. 本书建筑户型中的平面尺寸均为轴线尺寸，建筑面积已经计入外墙面积和阳台投影面积；房间名称也按习惯用法加以标注。

4. 本书单位说明如下：已标注单位处除外，标高单位为米（m）、其余单位均为毫米（mm）。

1 轻型结构

『梦想居』未来屋

1.1 项目简介

本项目为武进绿博园示范项目：东南大学太阳能“梦想居”未来屋项目。轻型结构，基础采用千斤顶结构，主体屋顶由 60×60 方管等采用特定的连接方式连接形成，然后再通过一定的构造方式与围护连接。此种方式安装迅速，拆卸方便，可重复利用。

图 1-1 “梦想居”全景

图 1-2　“梦想居”外景 1

图 1-3　“梦想居”外景 2

图 1-4 “梦想居”室内 1

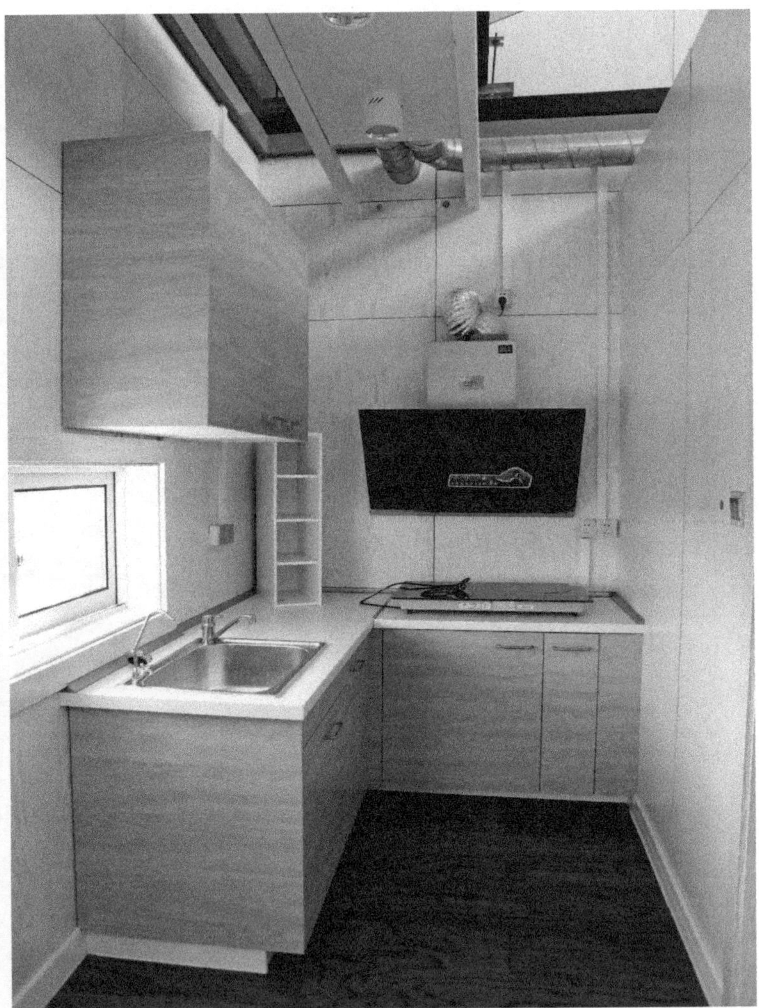

图 1-5 “梦想居”室内 2

图 1-6 “梦想居”室内 3

图 1-7 “梦想居”室内 4

图 1-8 “梦想居”室内 5

图 1-9 “梦想居”室内 6

1.2 技术图纸

1.2.1 总平面图、平面图

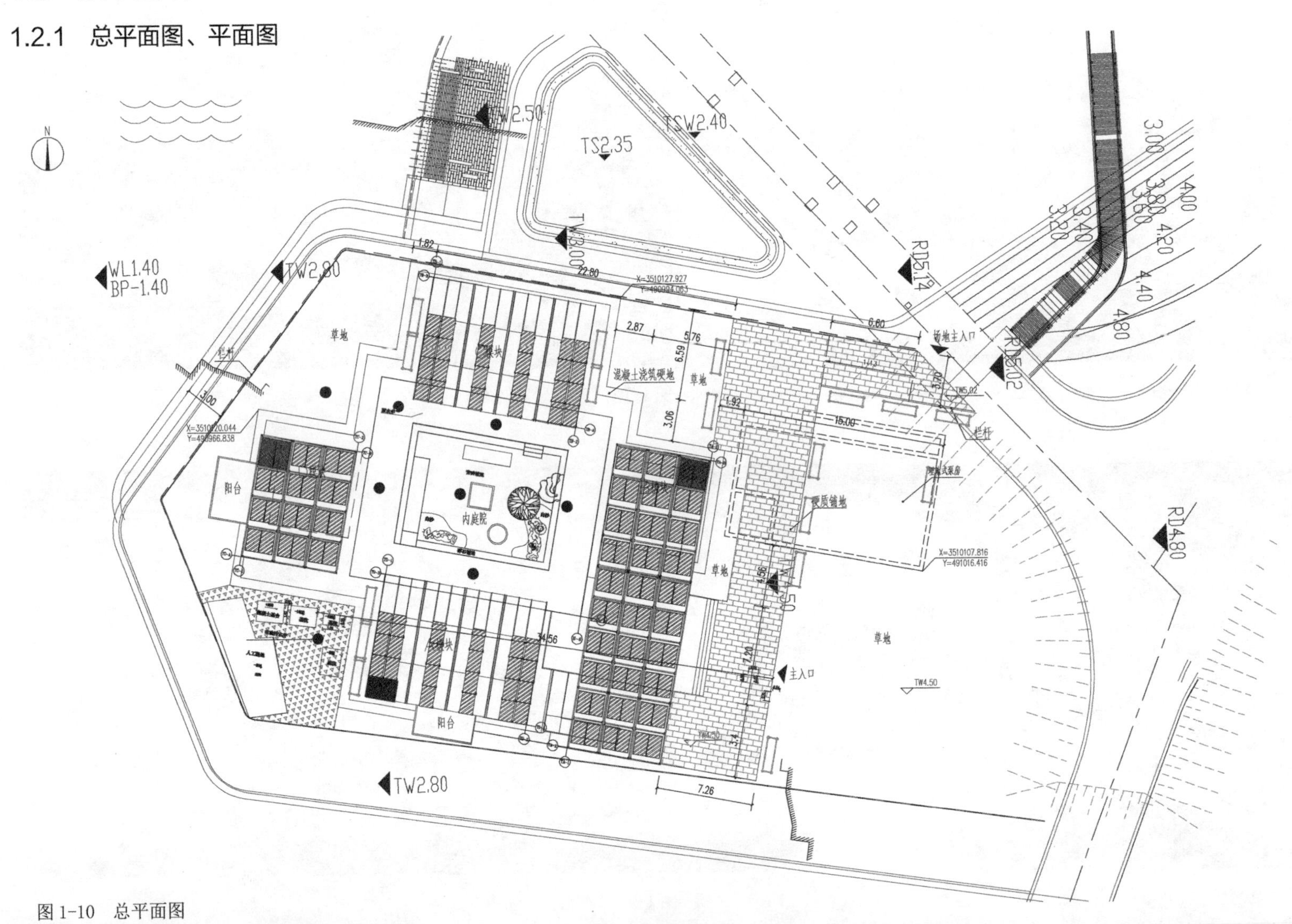

图 1-10 总平面图

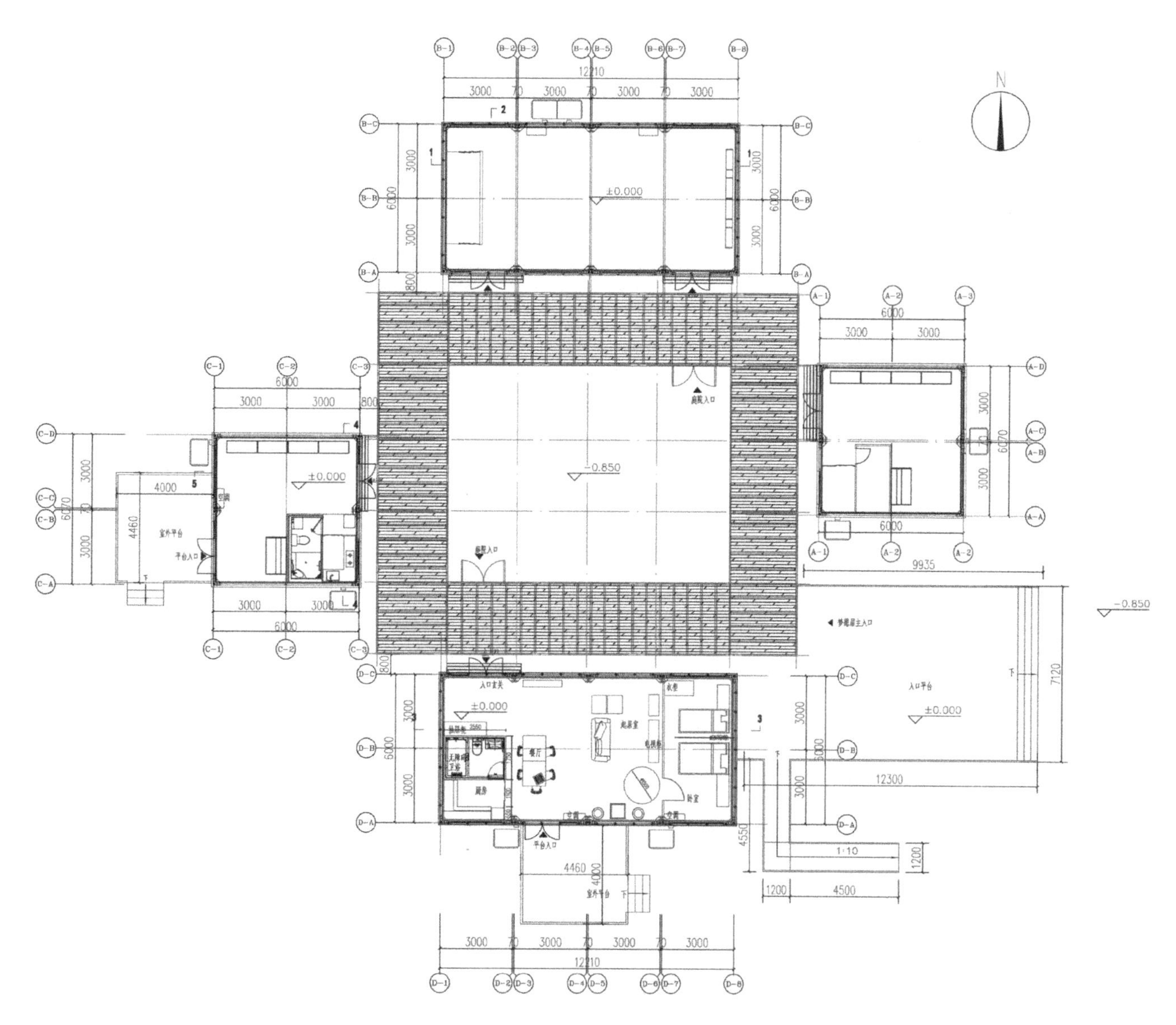

图 1-11　一层平面图

1.2.2 基础结构

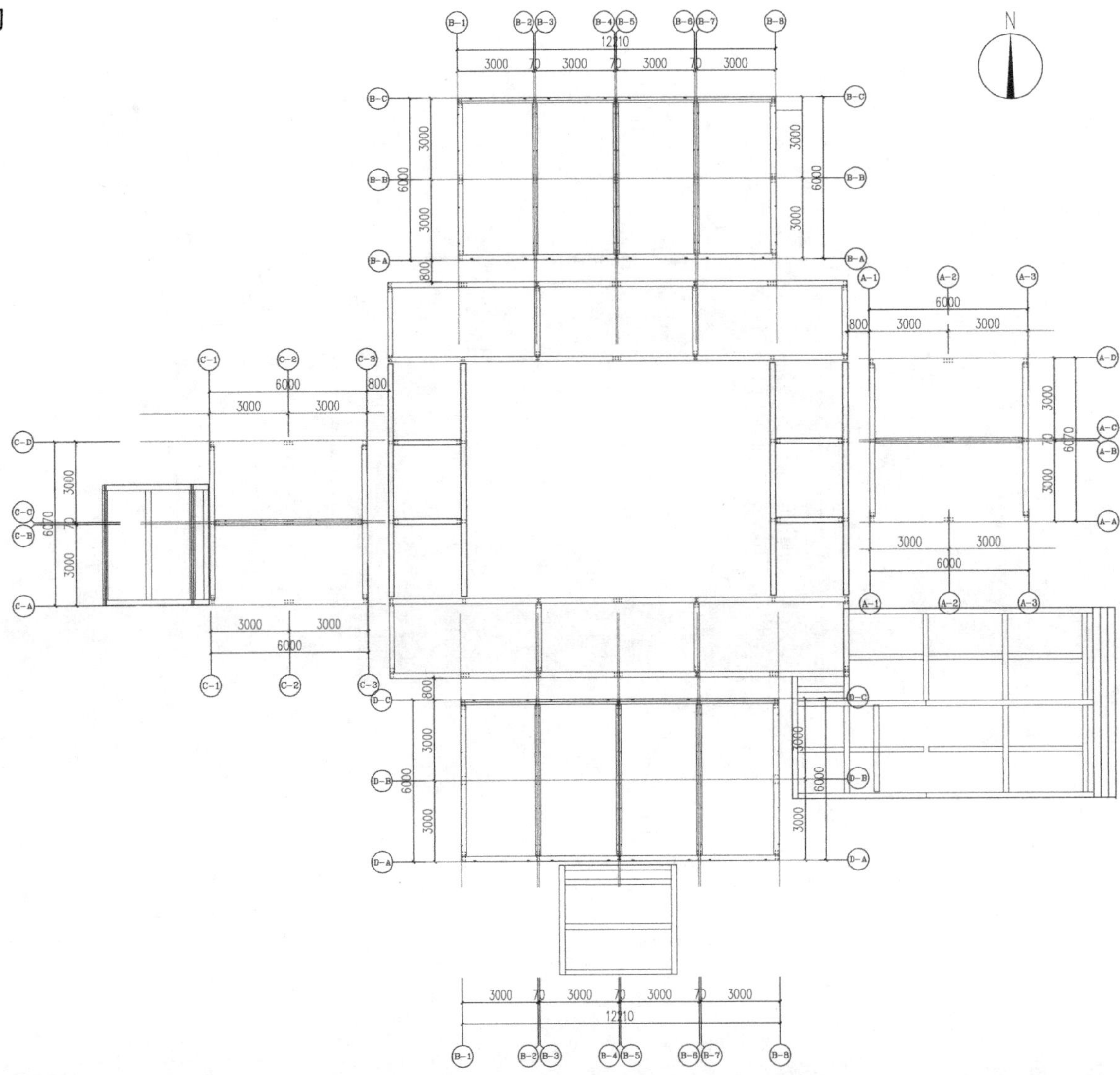

图 1-12 基座架定位图

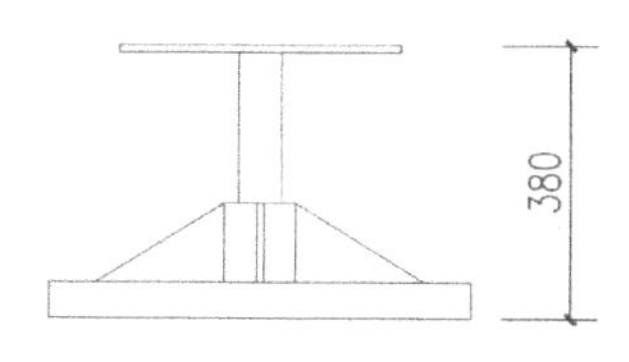

基脚平面图

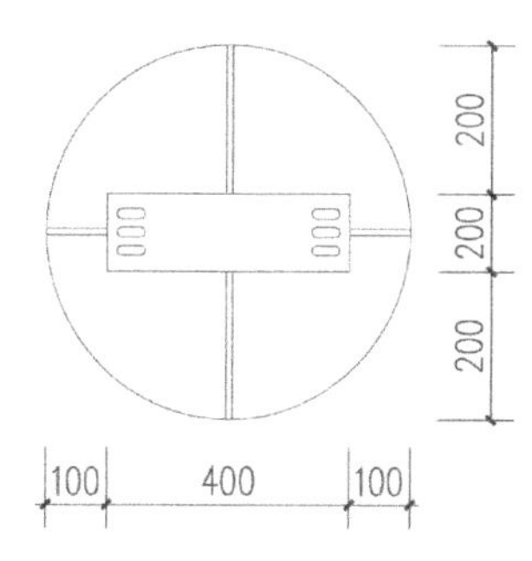

基脚立面图

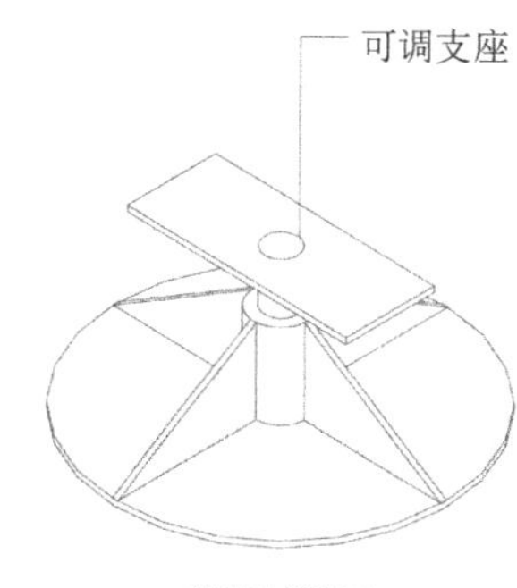

基脚轴测图

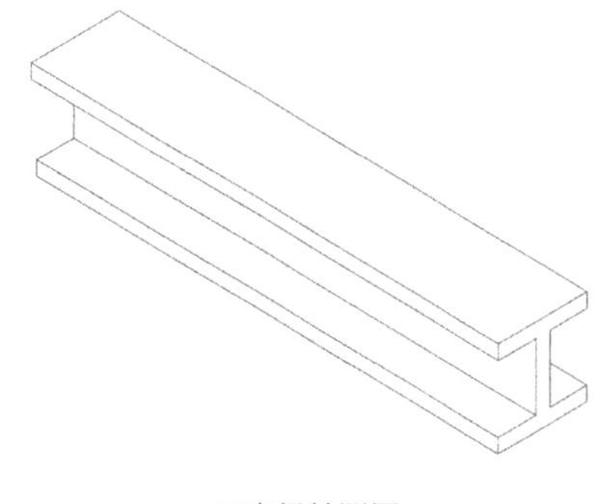

工字梁轴测图

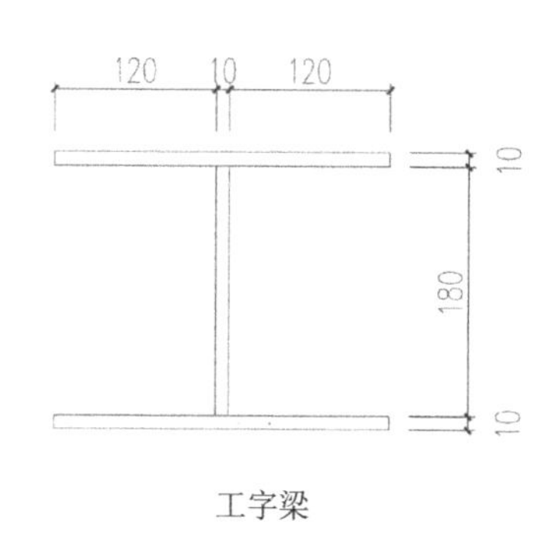

工字梁

图 1-13　基础构件详图

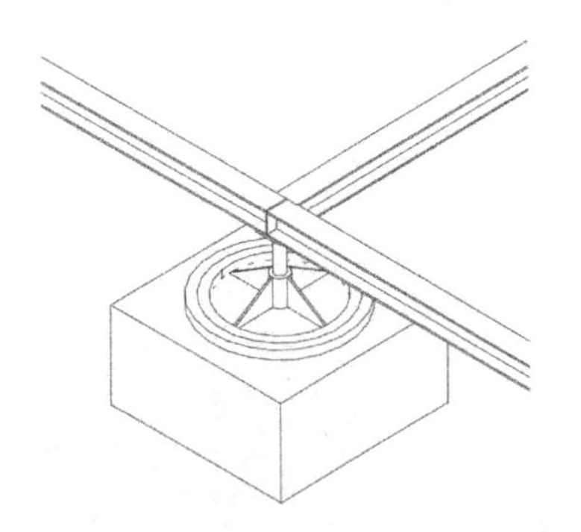

基础梁中间连接轴测

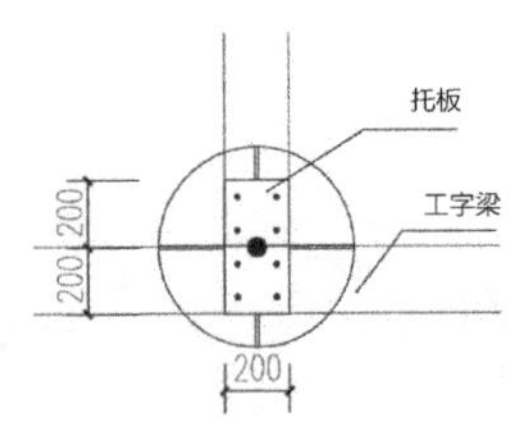

基础梁中间连接平面图

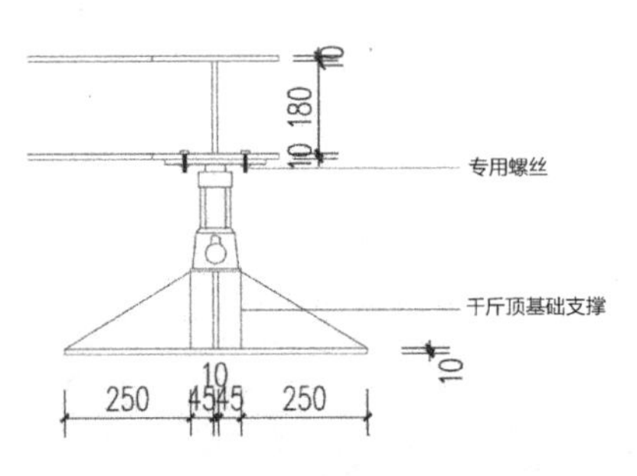

千斤顶与基础梁连接大样

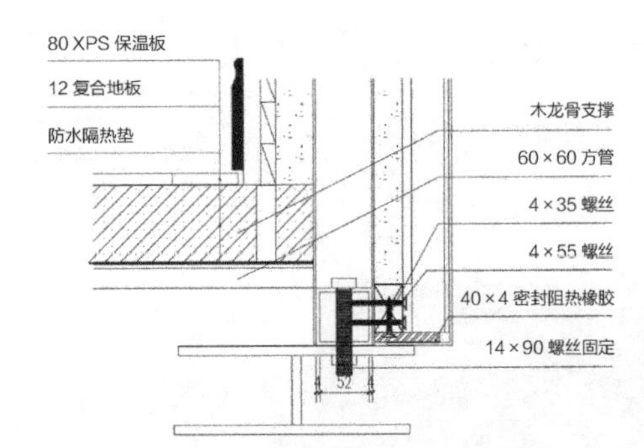

千斤顶与基础梁连接大样

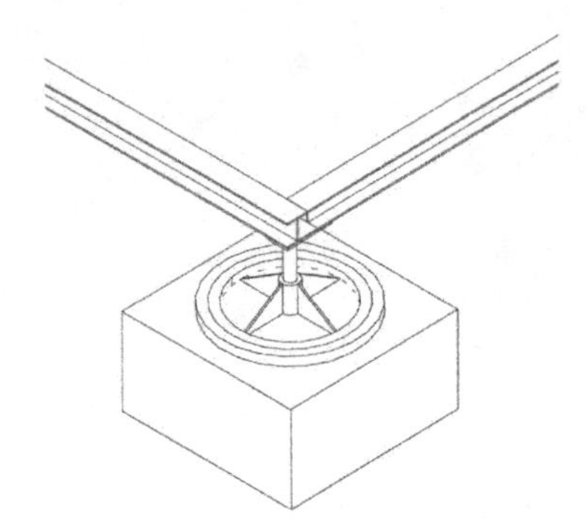

基础梁角连接轴测

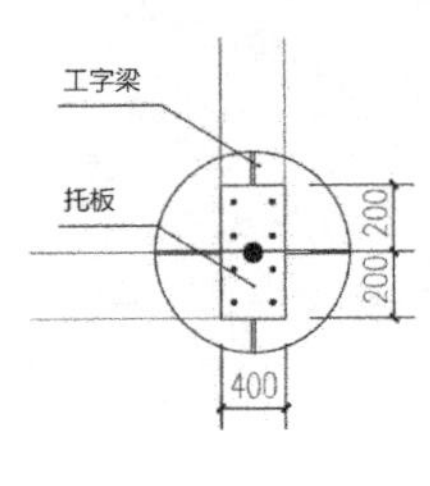

基础梁角连接平面图

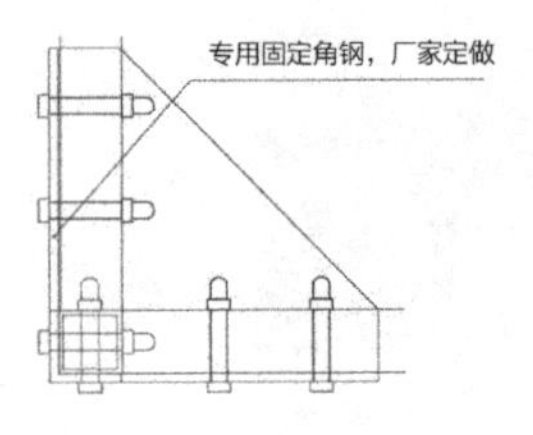

专用固定角钢

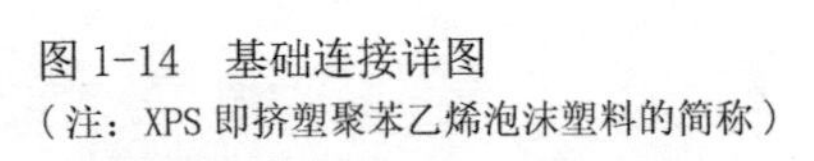

图 1-14　基础连接详图

（注：XPS 即挤塑聚苯乙烯泡沫塑料的简称）

1.2.3 墙体・结构

图 1-15　结构实景图

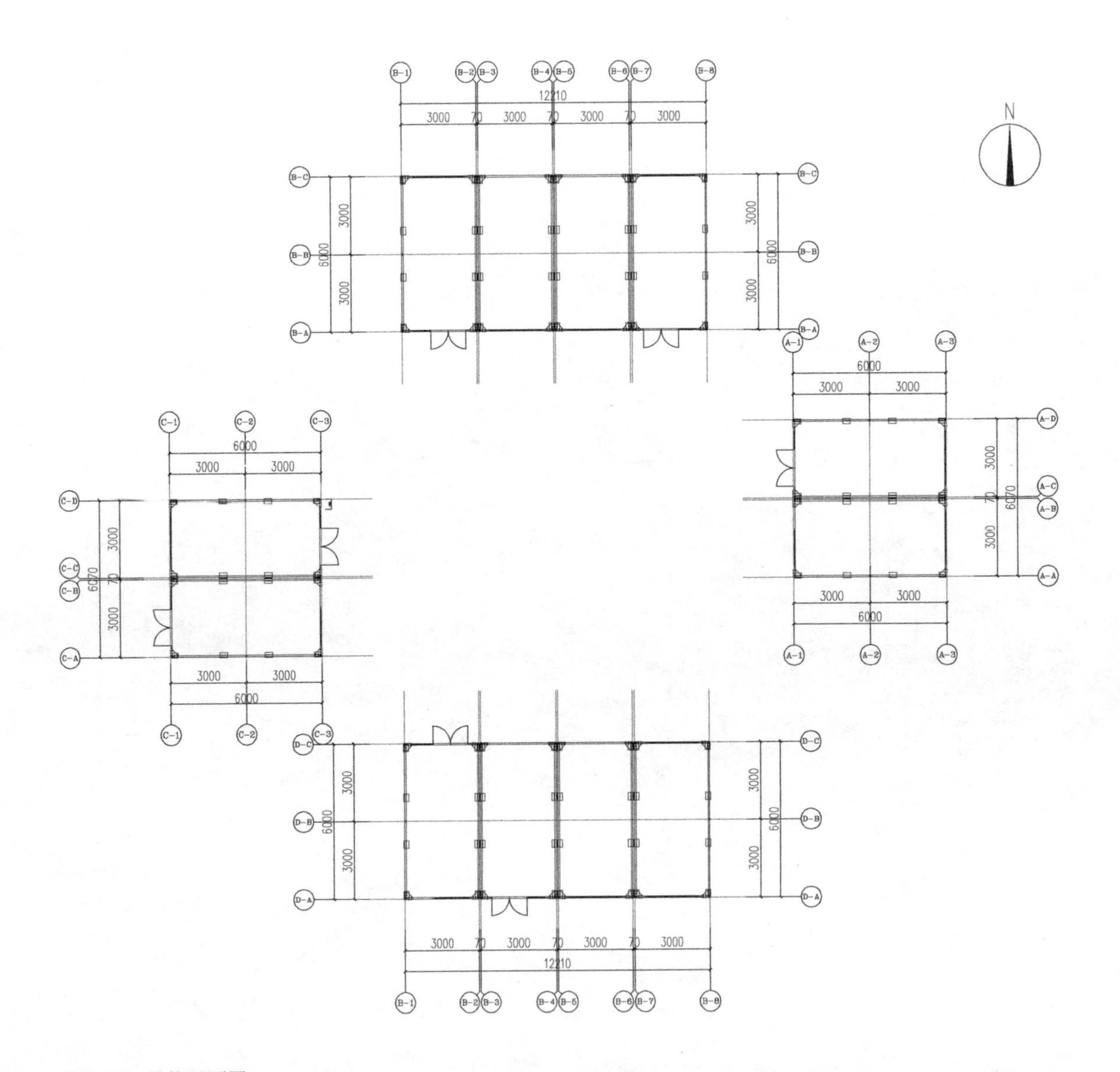

N
B-1
B-2
B-3
B-4
B-5
B-6
B-7
B-8
12210
3000
70
B-C
B-B
B-A
6000
A-1
A-2
A-3
A-D
A-C
A-B
A-A
6070
C-1
C-2
C-3
C-D
C-C
C-B
C-A
D-C
D-B
D-A

图 1-16　结构平面图

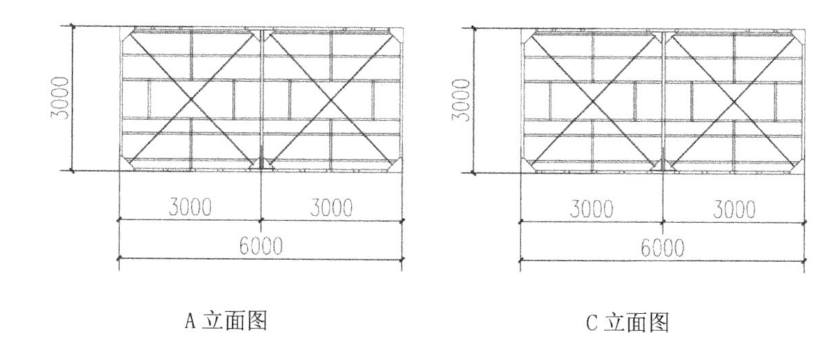

A 立面图　　　　C 立面图

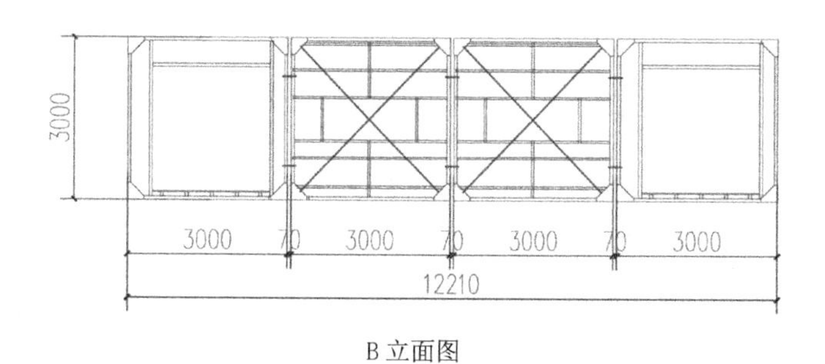

B 立面图

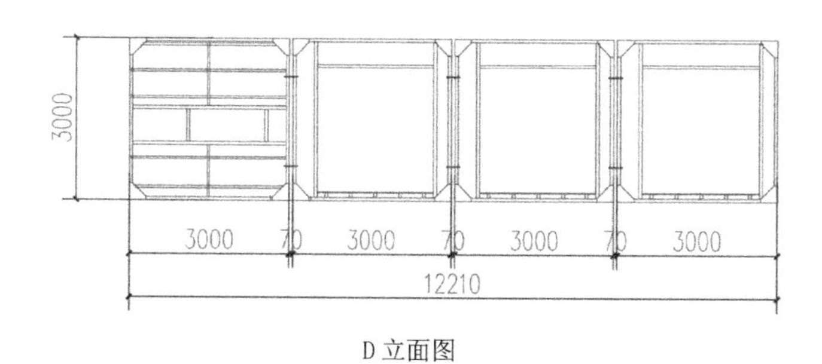

D 立面图

图 1-17　A 模块立面图

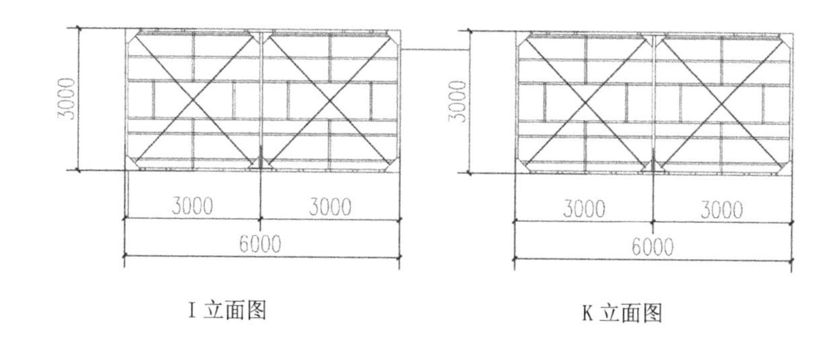

I 立面图　　　　K 立面图

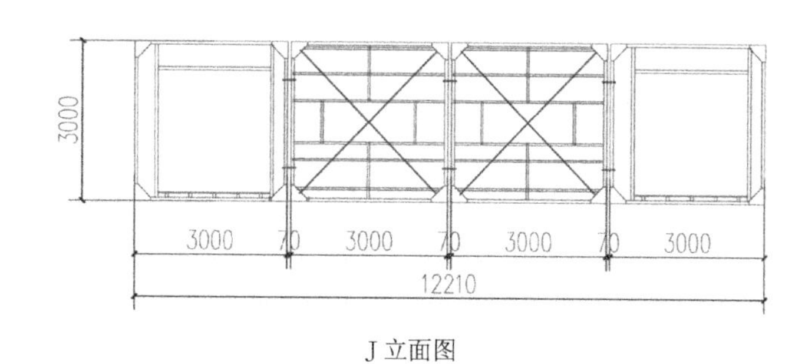

J 立面图

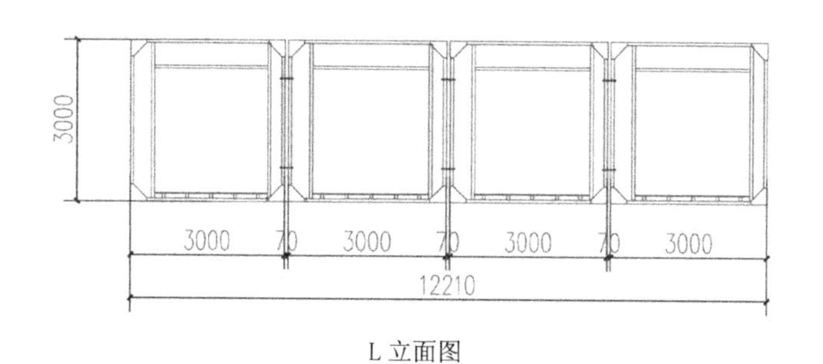

L 立面图

图 1-18　C 模块立面图

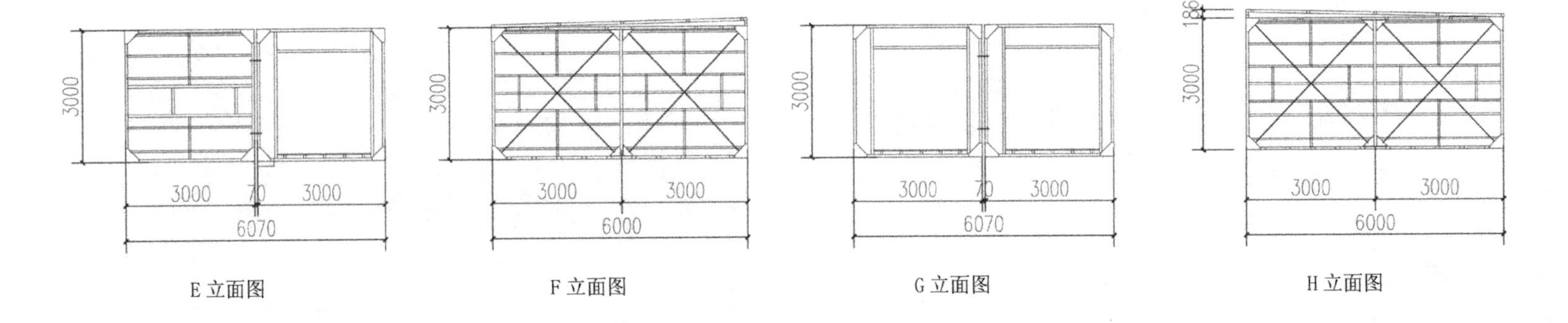

图 1-19　B 模块立面图

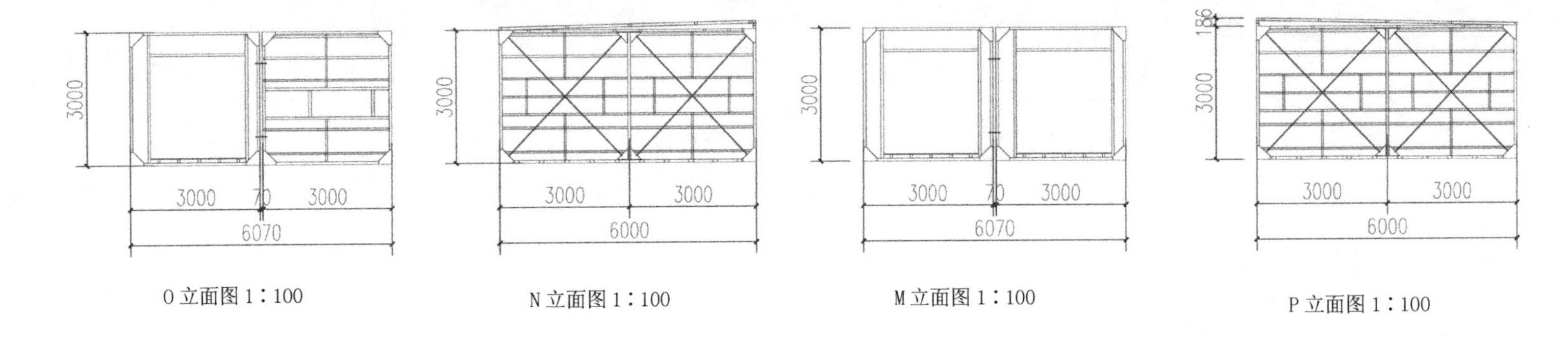

图 1-20　D 模块立面图

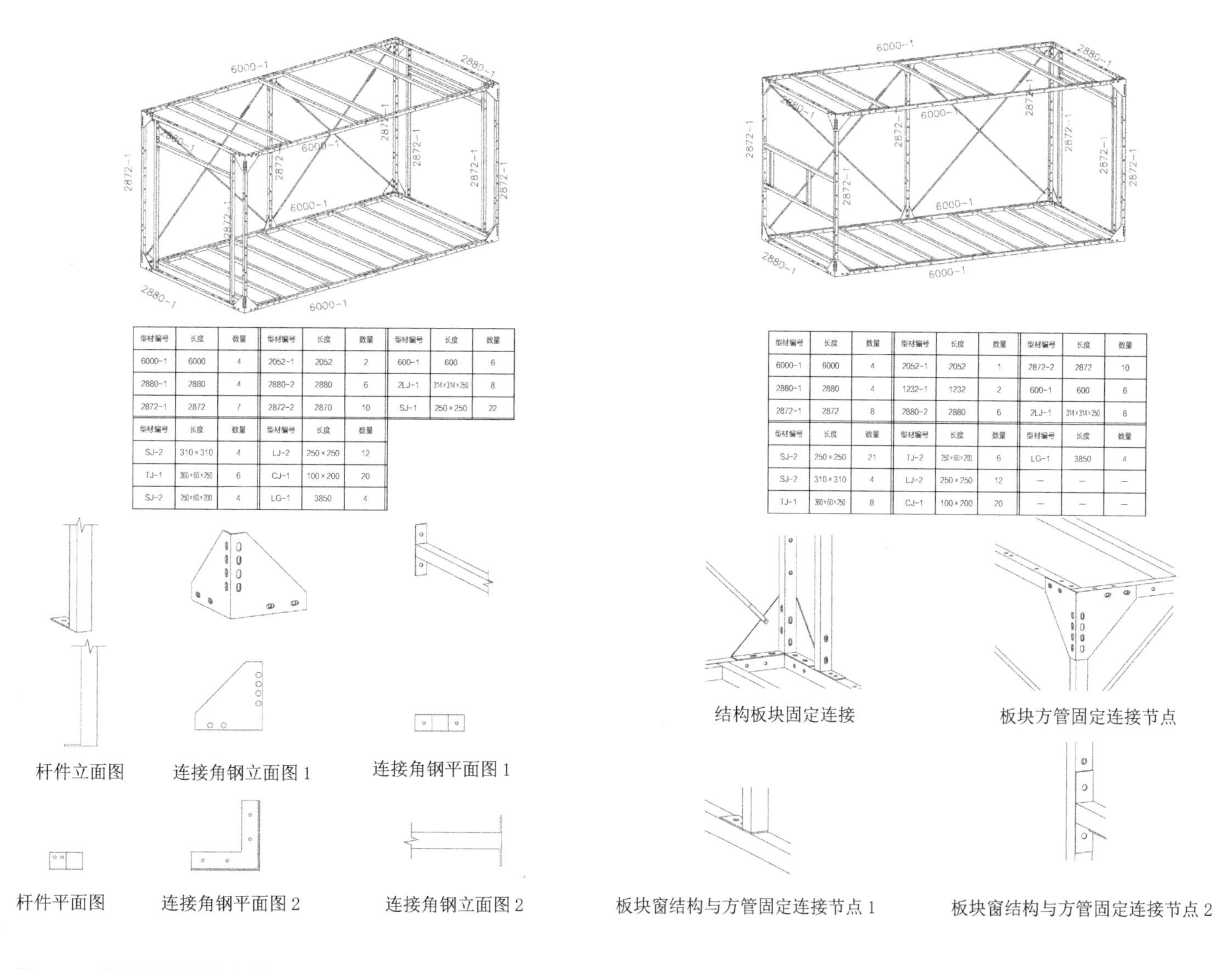

型材编号	长度	数量	型材编号	长度	数量	型材编号	长度	数量
6000-1	6000	4	2052-1	2052	2	600-1	600	6
2880-1	2880	4	2880-2	2880	6	2LJ-1	314×314×250	8
2872-1	2872	7	2872-2	2870	10	SJ-1	250×250	22
型材编号	长度	数量	型材编号	长度	数量			
SJ-2	310×310	4	LJ-2	250×250	12			
TJ-1	360×60×250	6	CJ-1	100×200	20			
SJ-2	250×60×200	4	LG-1	3850	4			

型材编号	长度	数量	型材编号	长度	数量	型材编号	长度	数量
6000-1	6000	4	2052-1	2052	1	2872-2	2872	10
2880-1	2880	4	1232-1	1232	2	600-1	600	6
2872-1	2872	8	2880-2	2880	6	2LJ-1	314×314×250	8
型材编号	长度	数量	型材编号	长度	数量	型材编号	长度	数量
SJ-2	250×250	21	TJ-2	250×60×200	6	LG-1	3850	4
SJ-2	310×310	4	LJ-2	250×250	12	—	—	—
TJ-1	360×60×250	8	CJ-1	100×200	20	—	—	—

图 1-21　单元结构框架细部图

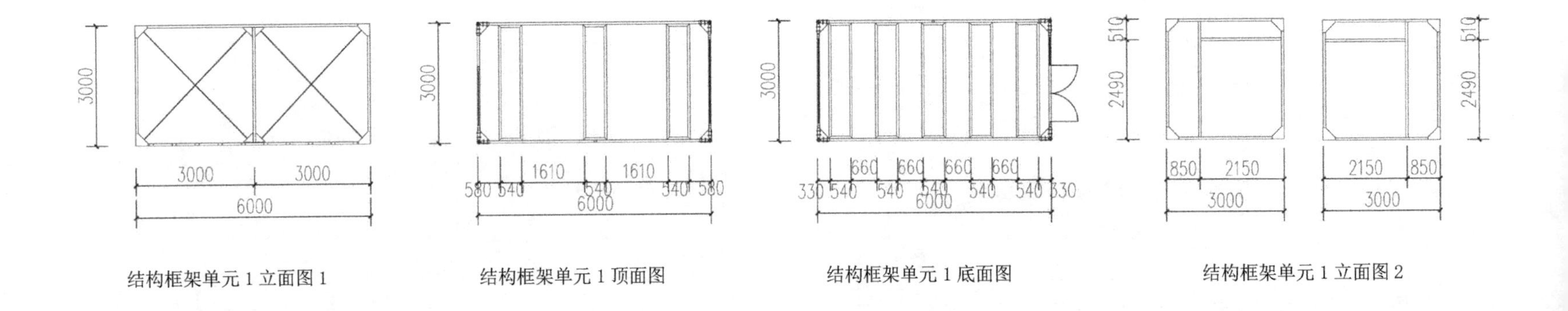

图 1-22　结构框架单元 1

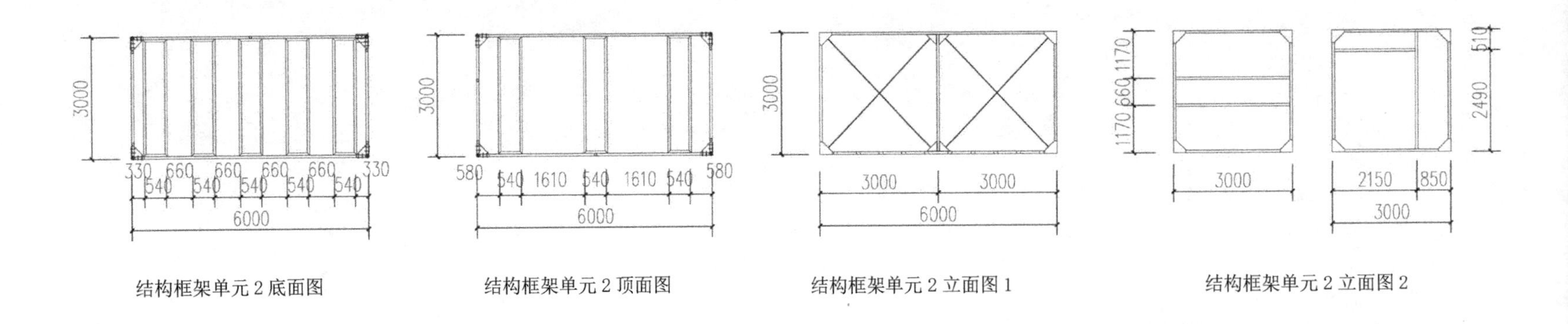

图 1-23　结构框架单元 2

1.2.4 墙体 · 围护

图 1-24 实景图

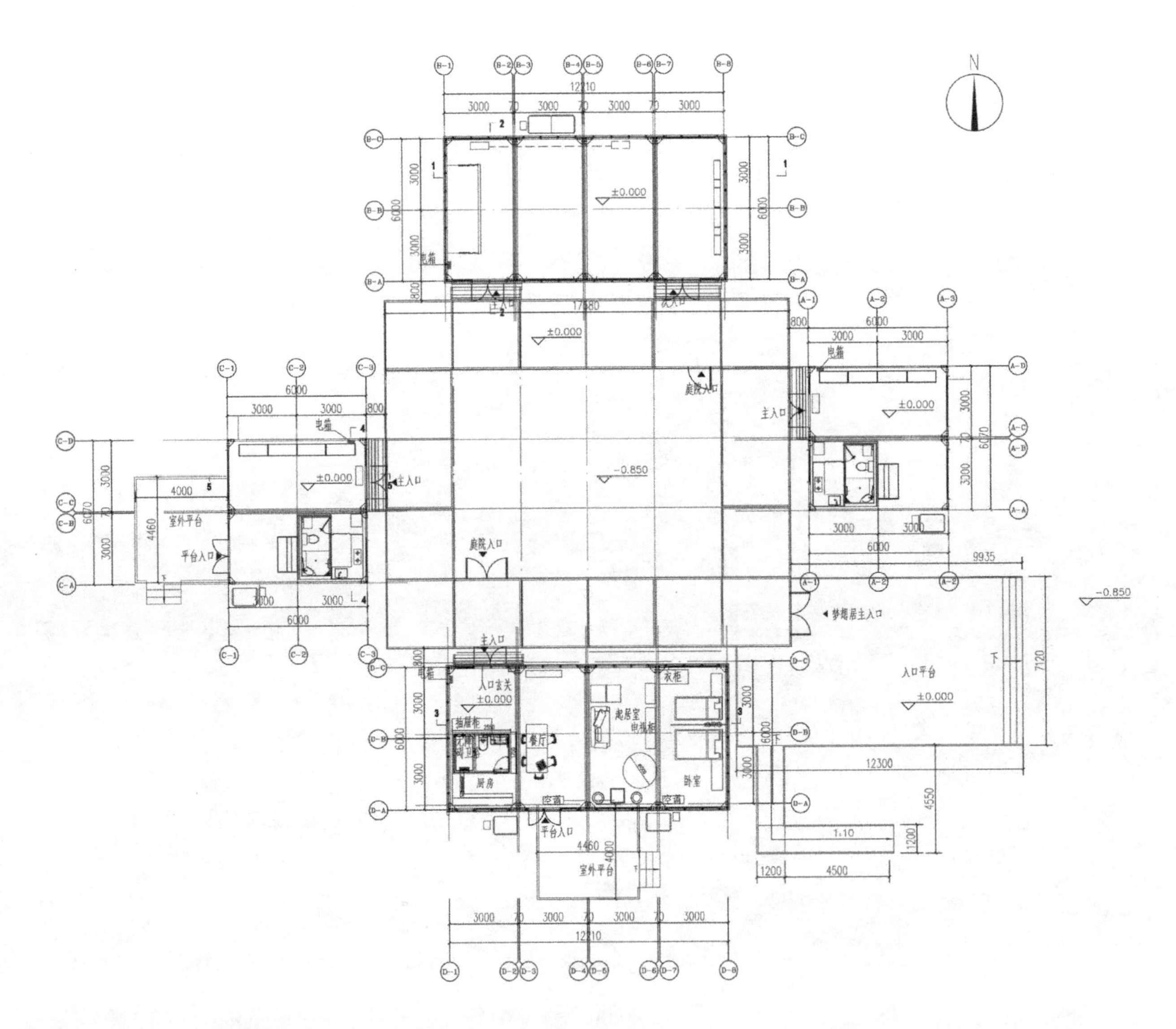

图 1-25　建筑一层平面图

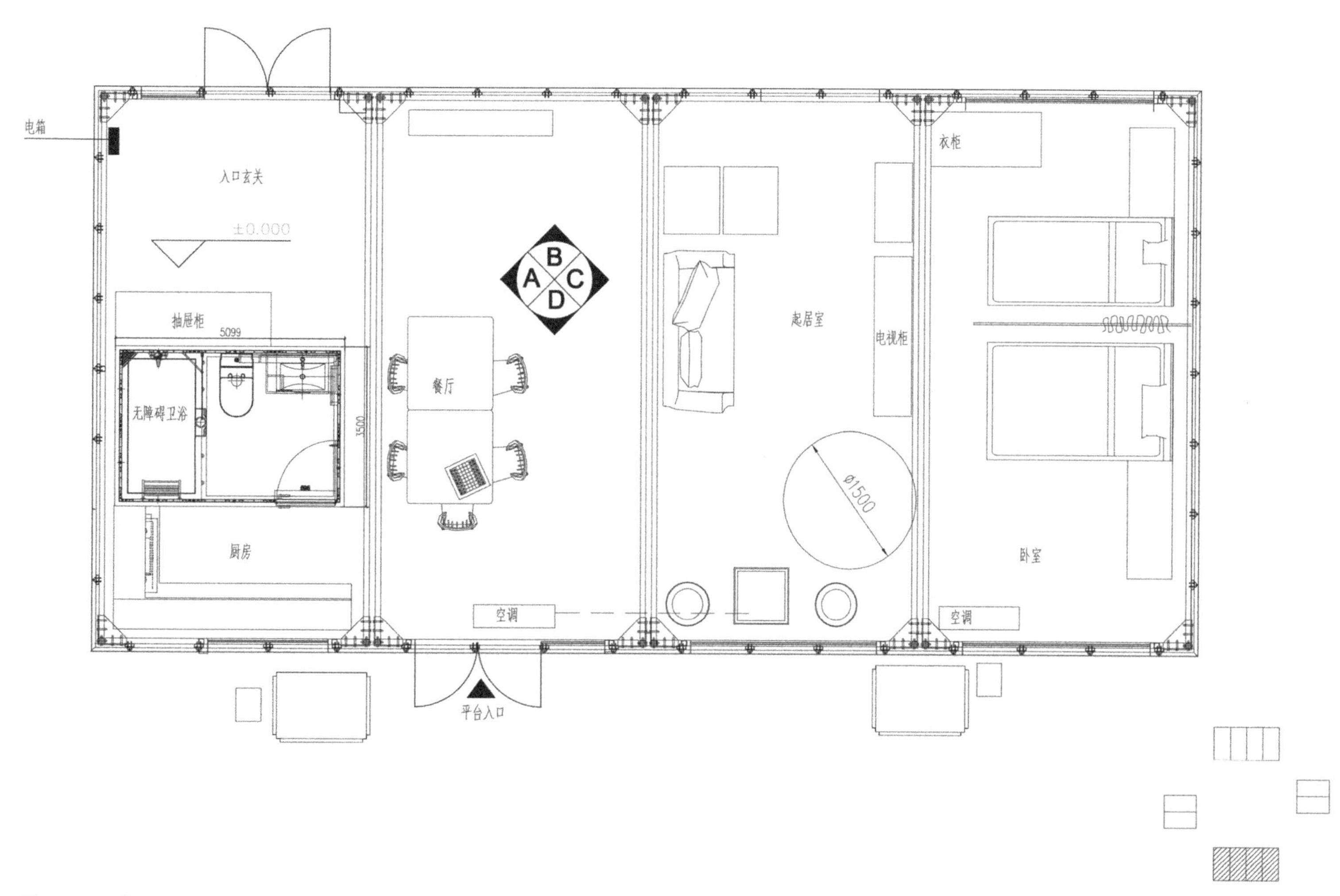
电箱
入口玄关
±0.000
抽屉柜
5099
无障碍卫浴
3500
厨房
餐厅
B
A
C
D
空调
平台入口
起居室
电视柜
Ø1500
衣柜
卧室
空调

图 1-26　A 模块平面图

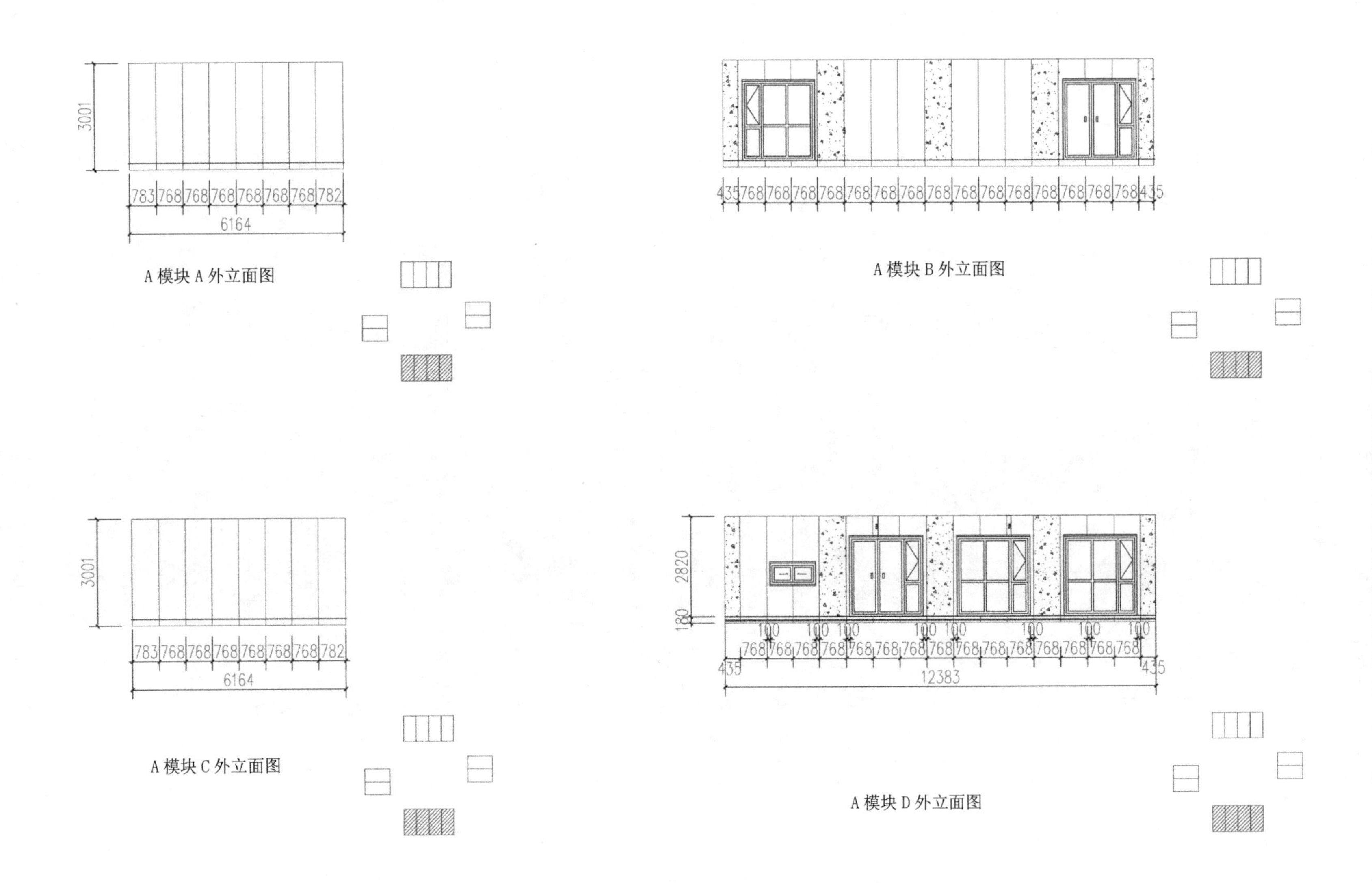

图 1-27　A 模块外立面图

2
1
1
±0.000
J
I
K
L
电箱

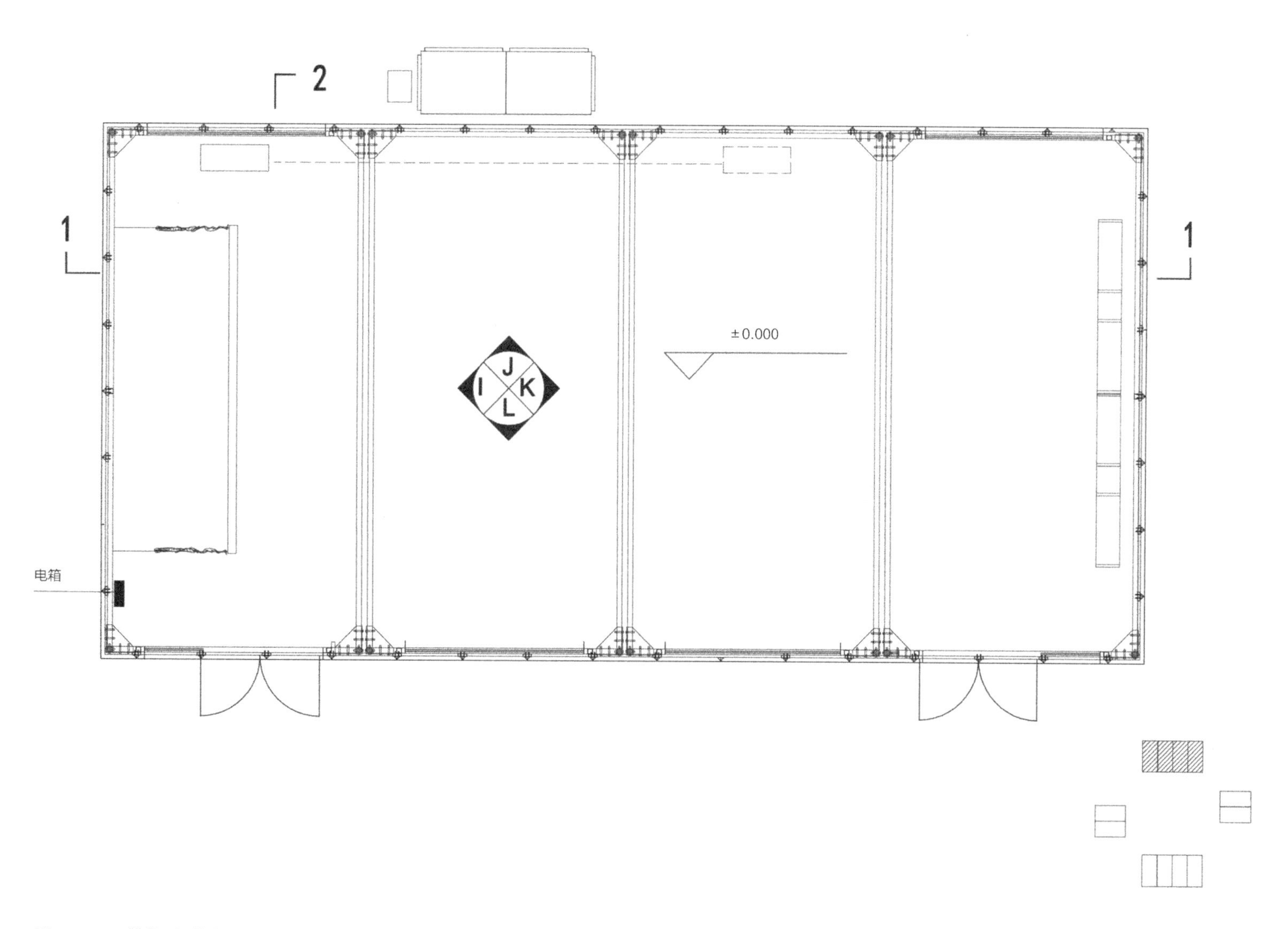

图 1-28　C 模块平面图

827 1023 1023 1023 1023 827
3000
2820
3000 3000
6000
C 模块 I 内围护立面图
354 1023 1023 1023 1023 1023 1023 1023 1023 1023 1023 1023 352
3000 3000 3000 3000
12210
C 模块 L 内围护立面图
827 1023 1023 1023 1023 827
3000
2820
3000 3000
6000
C 模块 K 内围护立面图
354 1023 1023 1023 1023 1023 1023 1023 1023 1023 1023 1023 352
3000 70 3000 70 3000 70 3000
12210
C 模块 J 内围护立面图

图 1-29 C 模块立面图

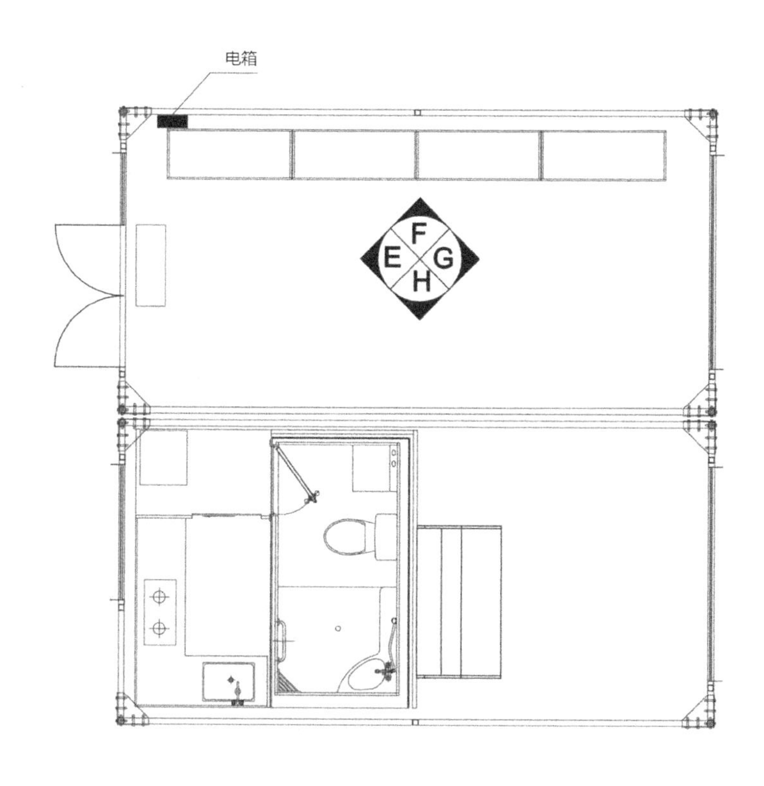

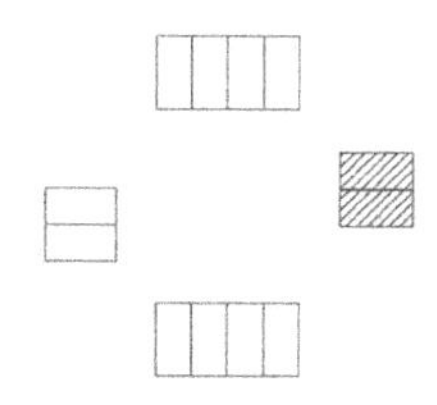

图 1-30　B 模块平面图

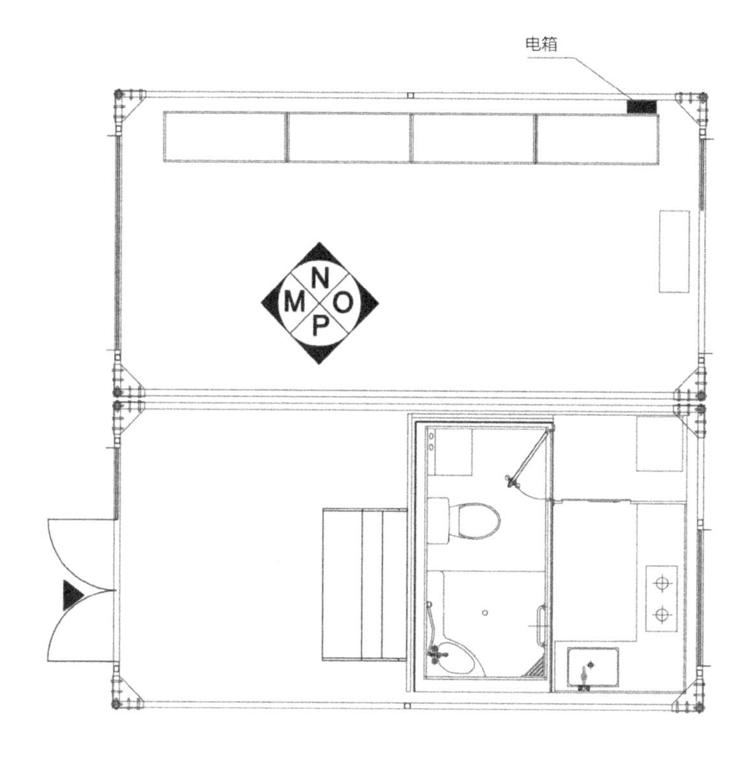

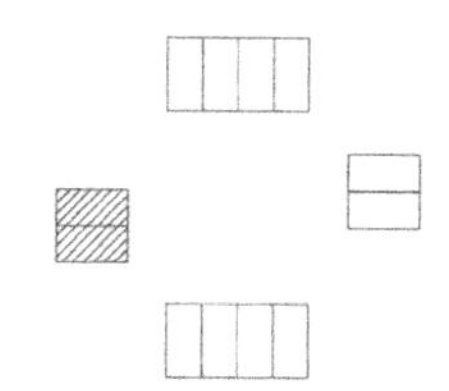

图 1-31　D 模块平面图

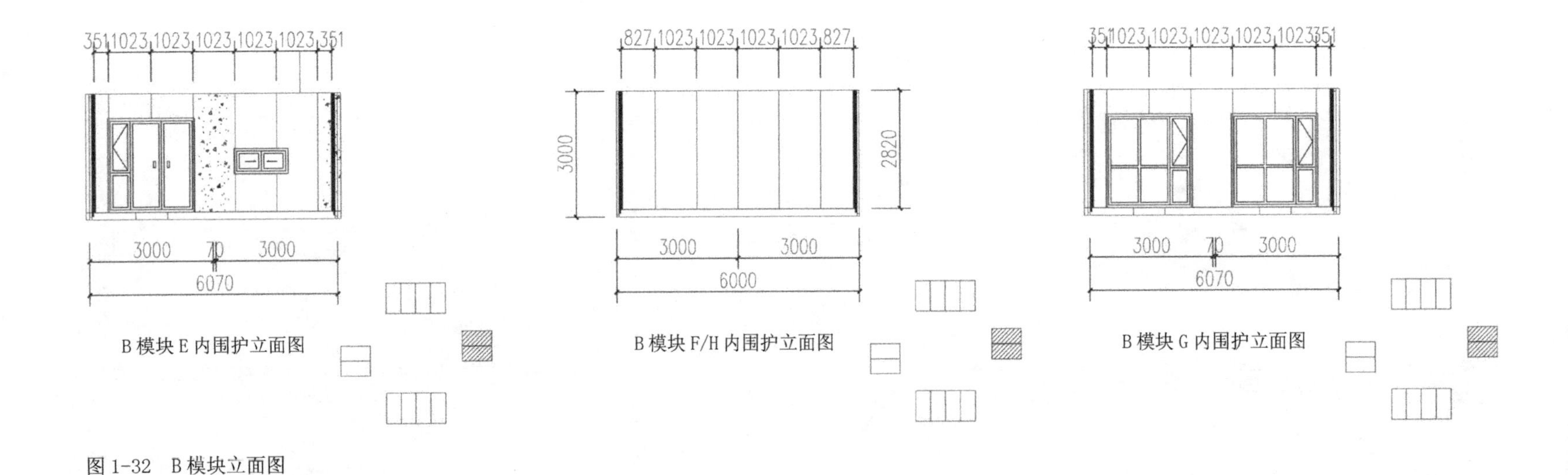

图 1-32　B模块立面图

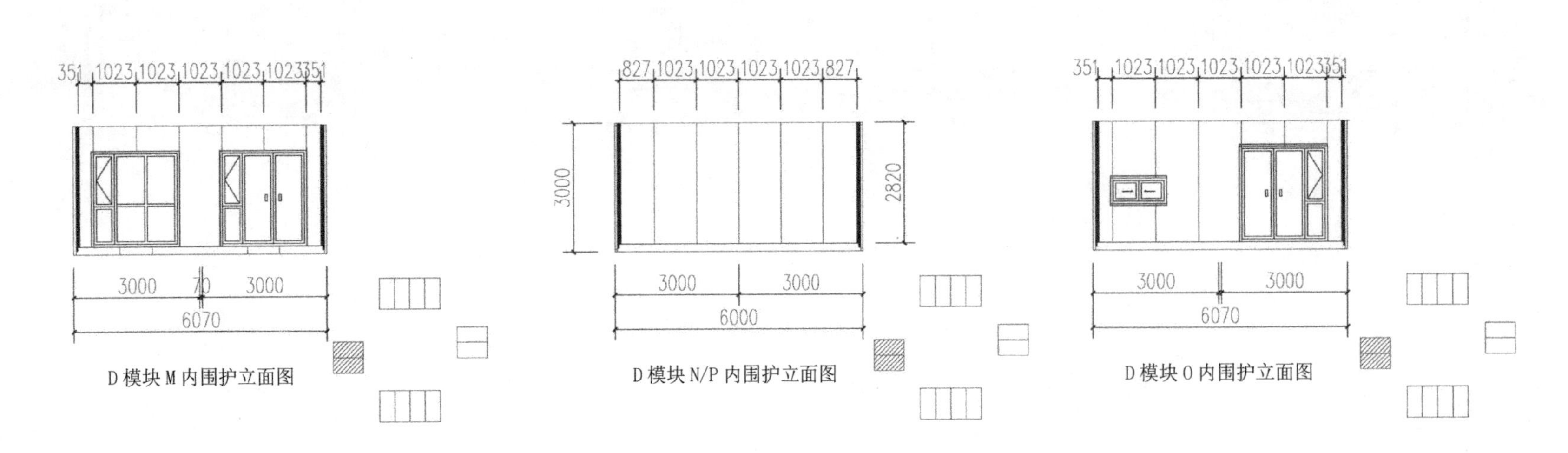

图 1-33　D模块立面图

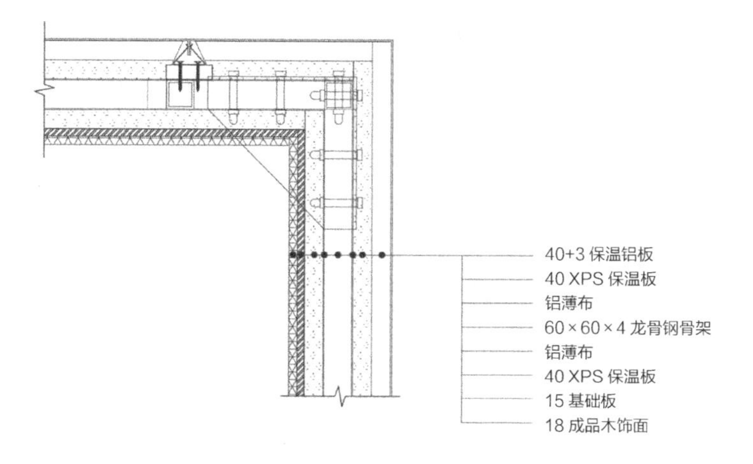

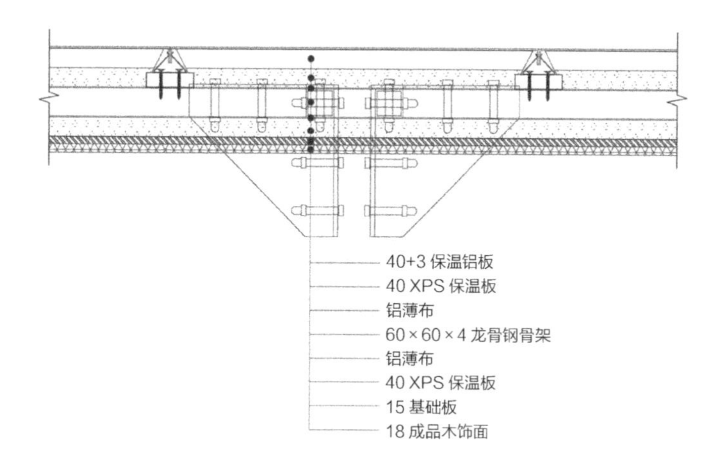

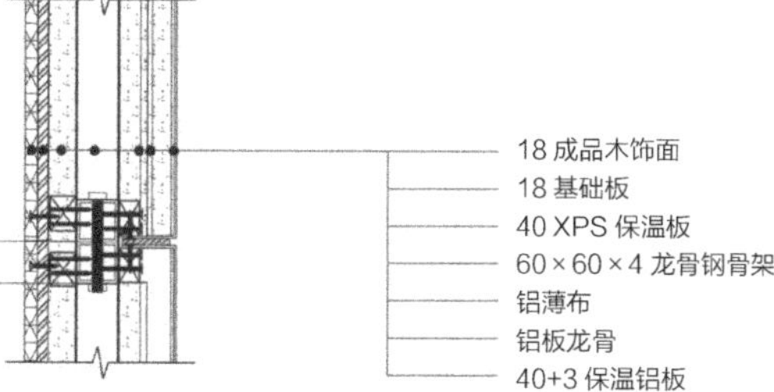

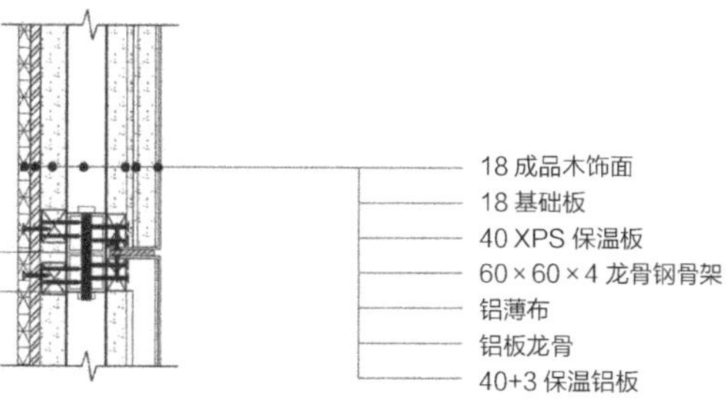

图 1-34　墙体构造节点详图

1.2.5 墙体 · 饰面

图 1-35 实景图

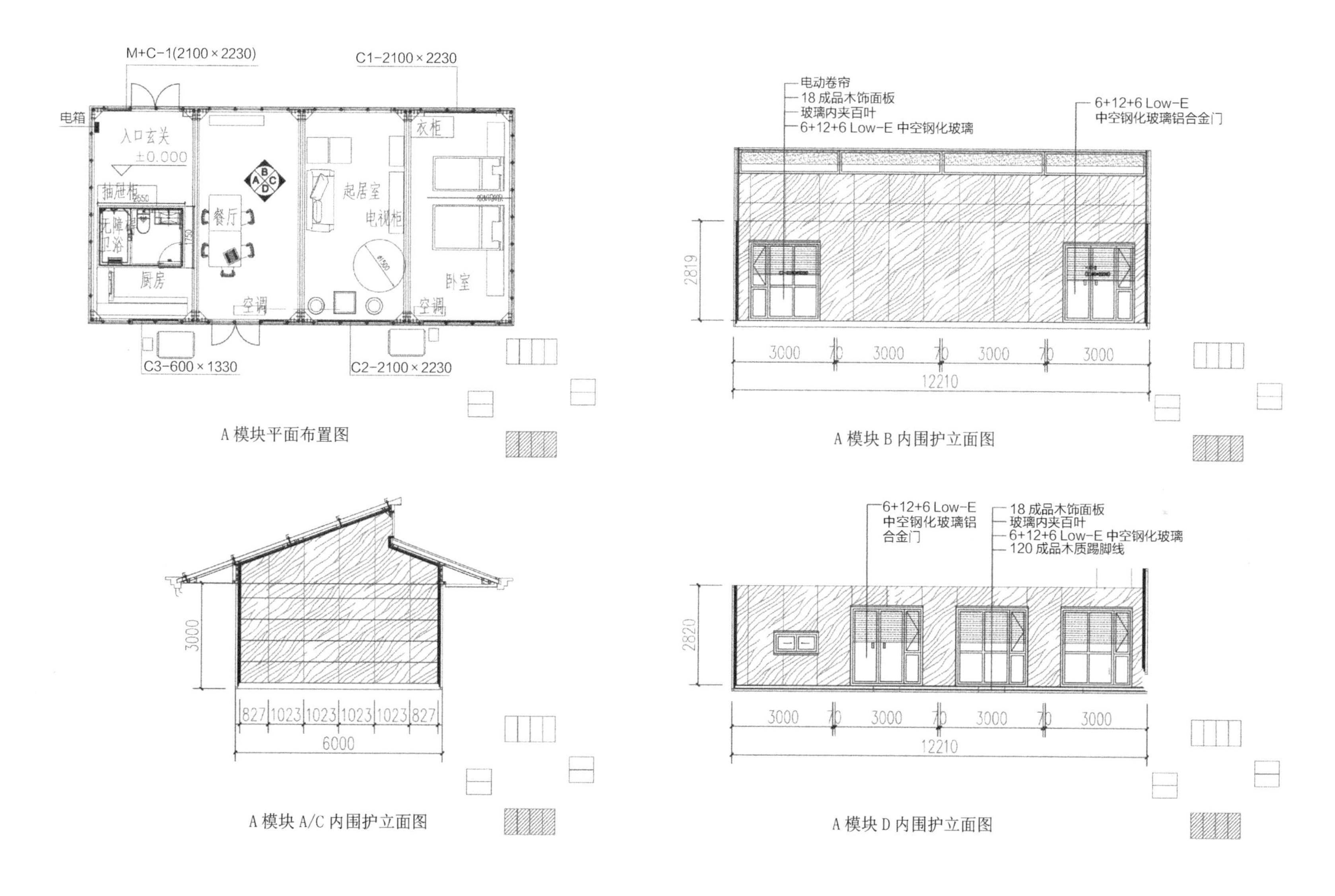

图 1-36 A 模块内装 1

（注：Low-E 玻璃即低辐射玻璃）

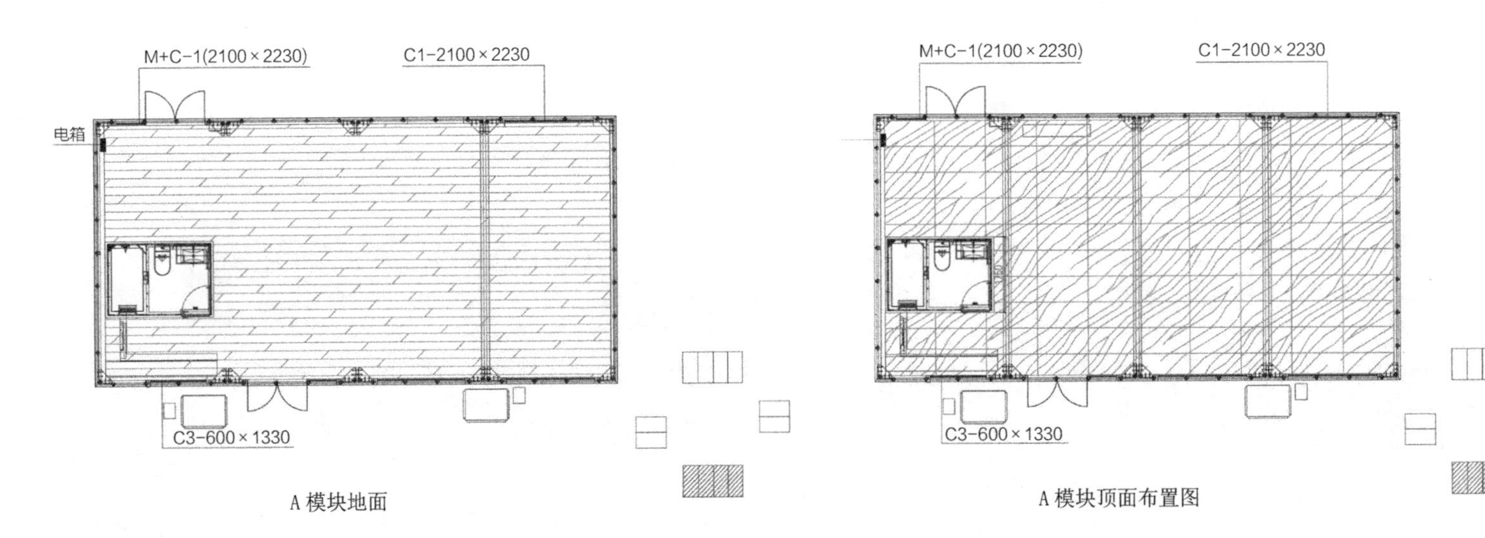

图 1-37　A 模块内装 2

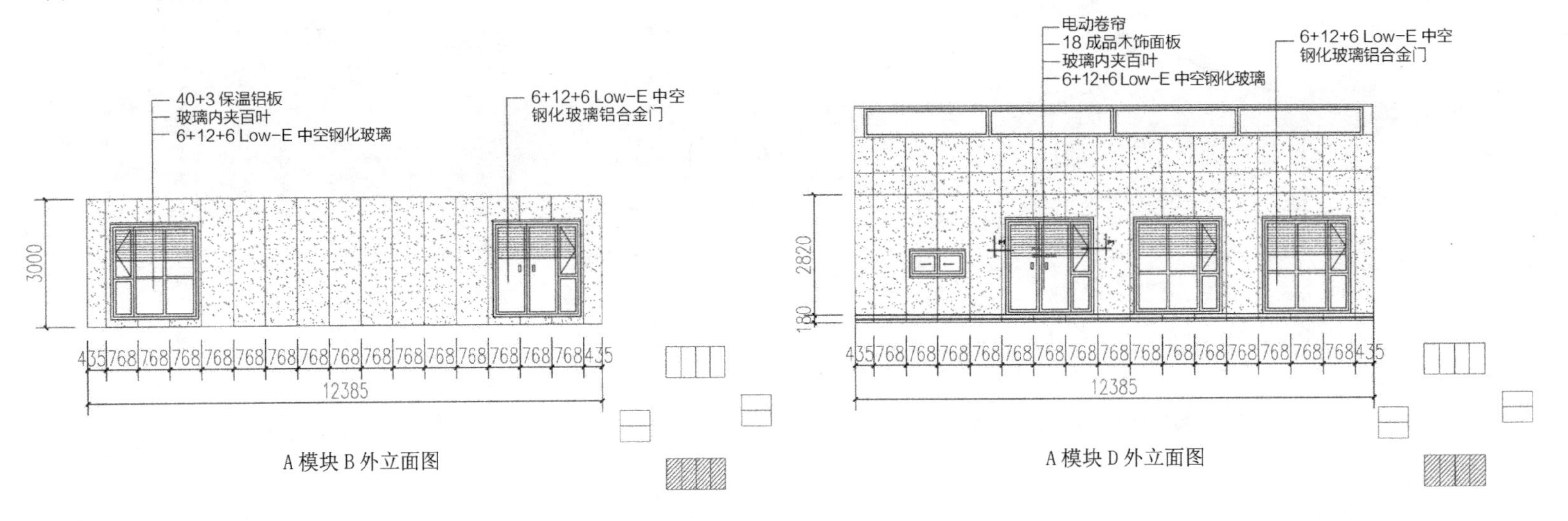

图 1-38　A 模块外饰面

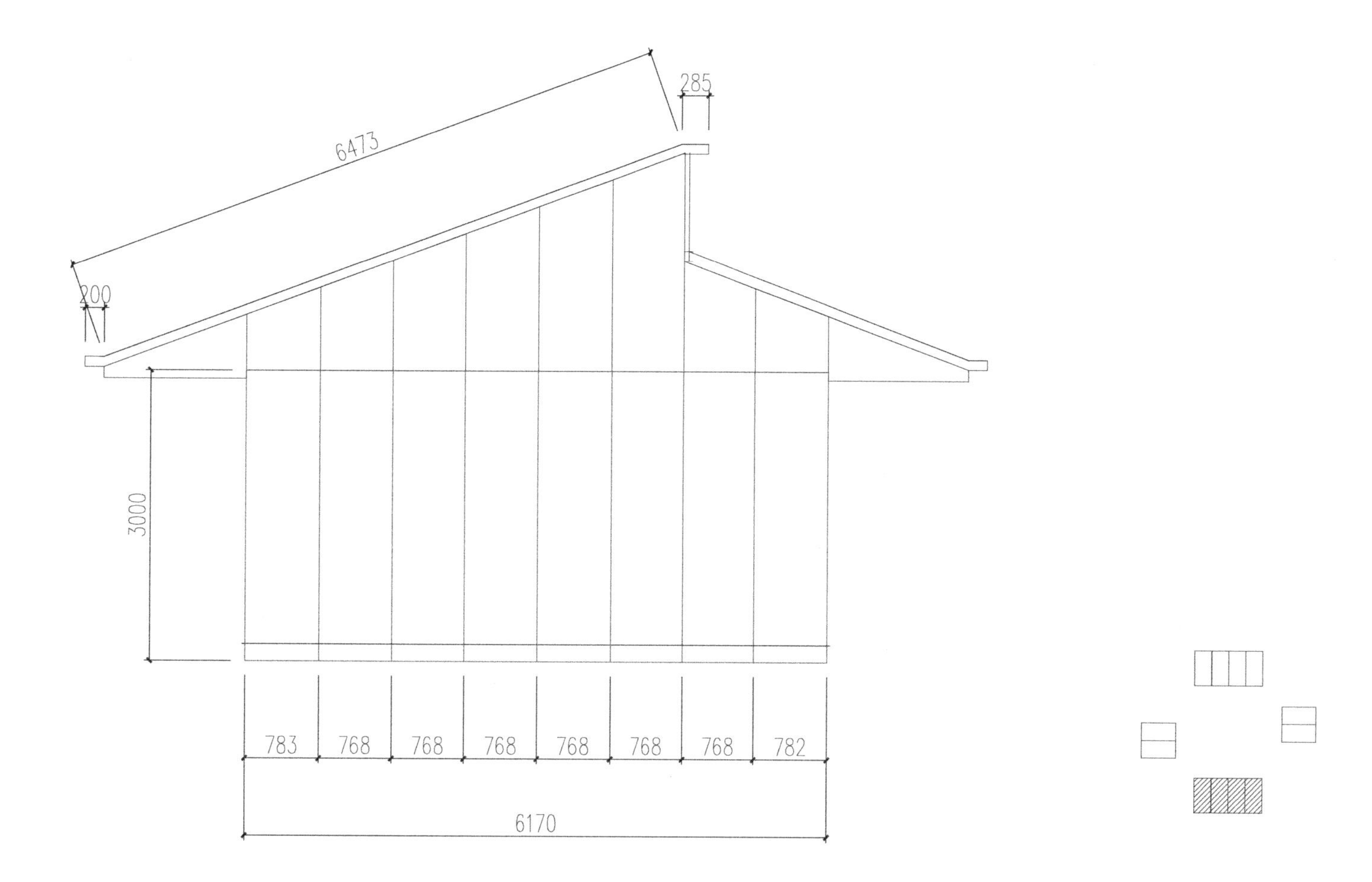

图 1-39　A 模块 A/C 外立面图

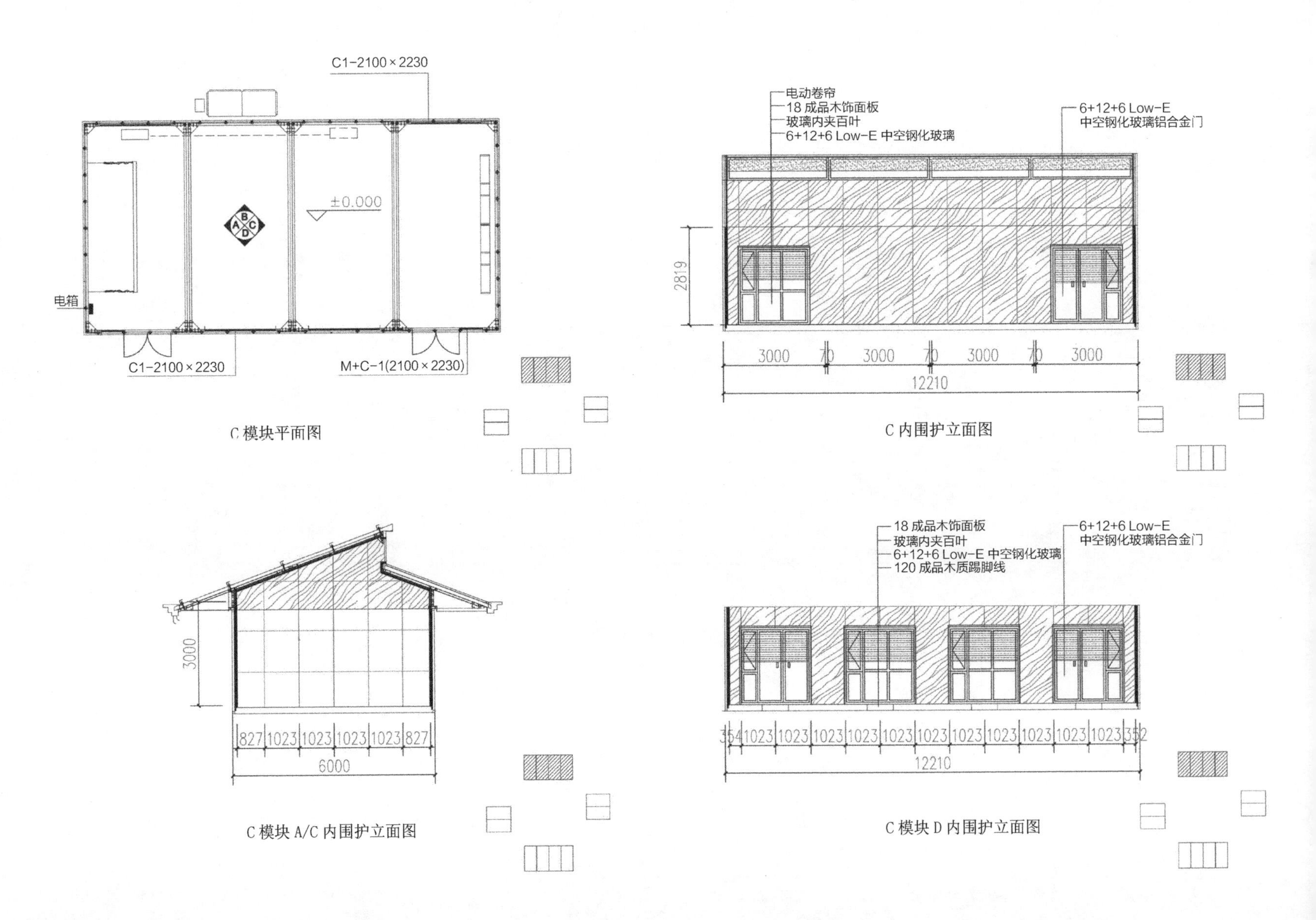

C1-2100×2230
±0.000
电箱
C1-2100×2230
M+C-1(2100×2230)
C 模块平面图
电动卷帘
18 成品木饰面板
玻璃内夹百叶
6+12+6 Low-E 中空钢化玻璃
6+12+6 Low-E
中空钢化玻璃铝合金门
2819
3000
70
3000
70
3000
70
3000
12210
C 内围护立面图
3000
827
1023
1023
1023
1023
827
6000
C 模块 A/C 内围护立面图
18 成品木饰面板
玻璃内夹百叶
6+12+6 Low-E 中空钢化玻璃
120 成品木质踢脚线
6+12+6 Low-E
中空钢化玻璃铝合金门
354
1023
352
12210
C 模块 D 内围护立面图

图 1-40　C 模块内装

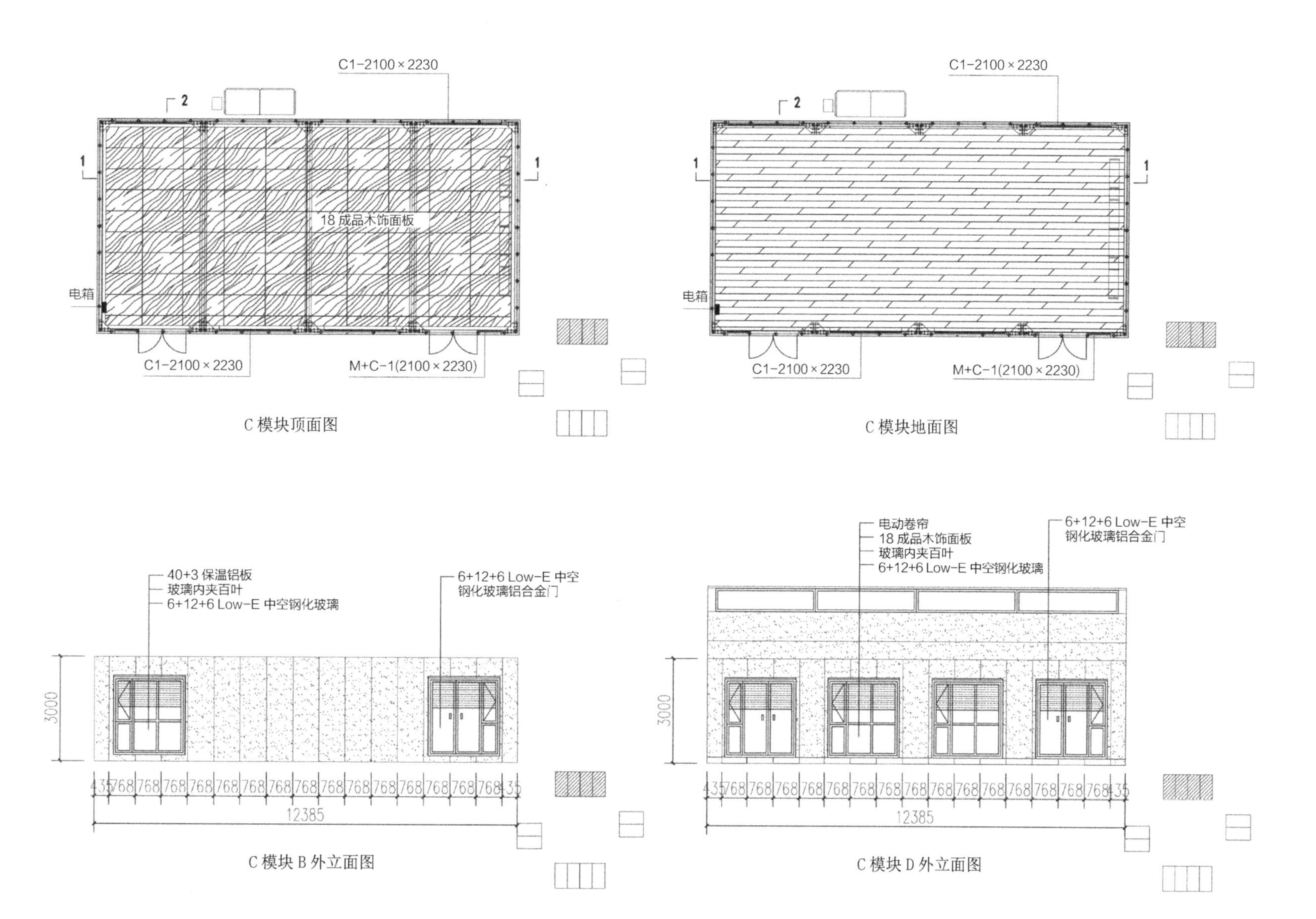

C1-2100×2230
18 成品木饰面板
电箱
C1-2100×2230
M+C-1(2100×2230)
C 模块顶面图
C1-2100×2230
电箱
C1-2100×2230
M+C-1(2100×2230)
C 模块地面图
40+3 保温铝板
玻璃内夹百叶
6+12+6 Low-E 中空钢化玻璃
6+12+6 Low-E 中空
钢化玻璃铝合金门
3000
12385
C 模块 B 外立面图
电动卷帘
18 成品木饰面板
玻璃内夹百叶
6+12+6 Low-E 中空钢化玻璃
6+12+6 Low-E 中空
钢化玻璃铝合金门
3000
12385
C 模块 D 外立面图

图 1-41　C 模块外饰面

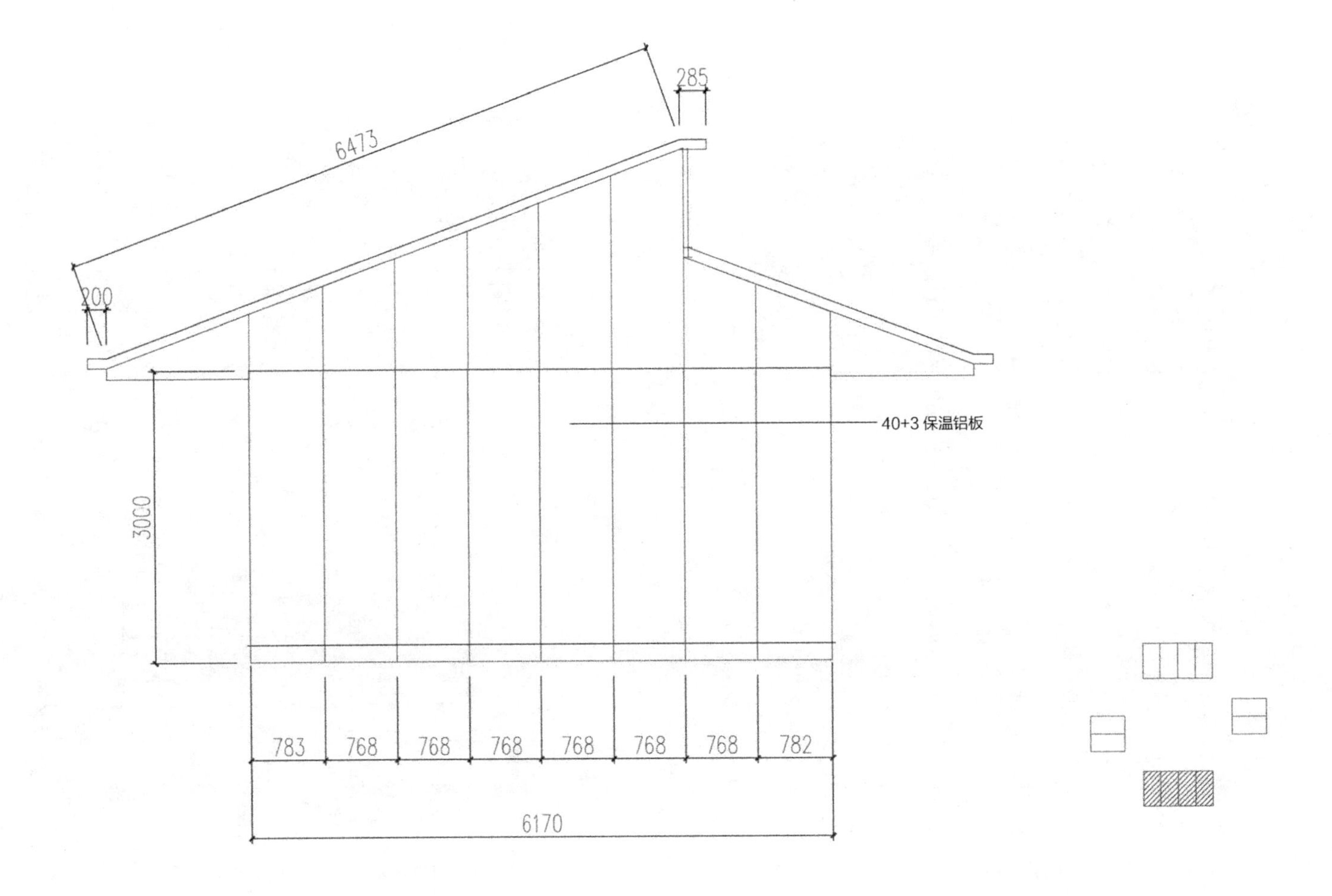

图 1-42　C 模块 A/C 外立面图

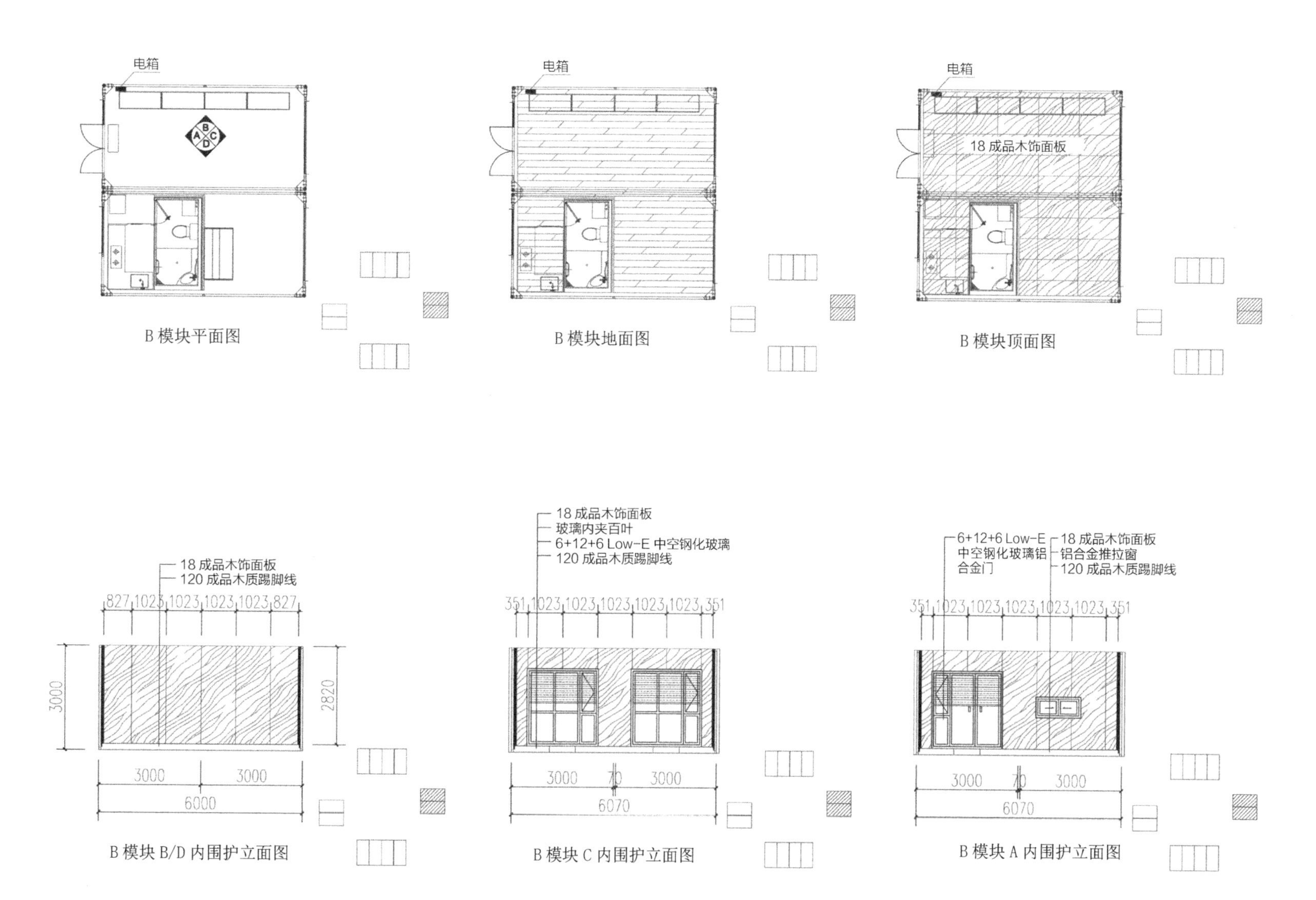
电箱
18 成品木饰面板
B 模块平面图
B 模块地面图
B 模块顶面图
18 成品木饰面板
120 成品木质踢脚线
827 1023 1023 1023 1023 827
3000
2820
3000 3000
6000
B 模块 B/D 内围护立面图
18 成品木饰面板
玻璃内夹百叶
6+12+6 Low-E 中空钢化玻璃
120 成品木质踢脚线
351 1023 1023 1023 1023 1023 351
3000 70 3000
6070
B 模块 C 内围护立面图
6+12+6 Low-E
中空钢化玻璃铝
合金门
18 成品木饰面板
铝合金推拉窗
120 成品木质踢脚线
351 1023 1023 1023 1023 1023 351
3000 70 3000
6070
B 模块 A 内围护立面图

图 1-43 B 模块内装

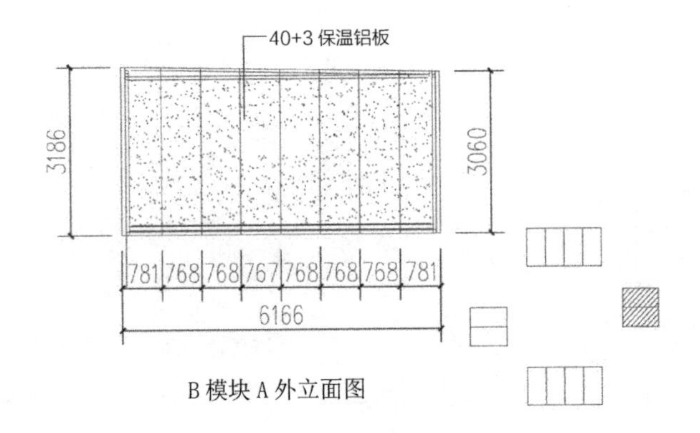

B 模块 A 外立面图

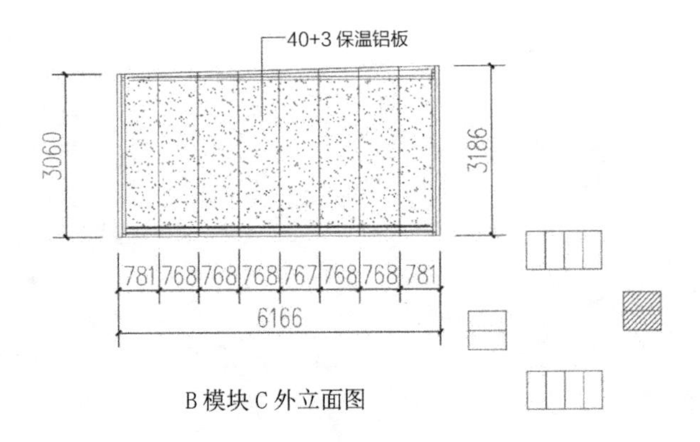

B 模块 C 外立面图

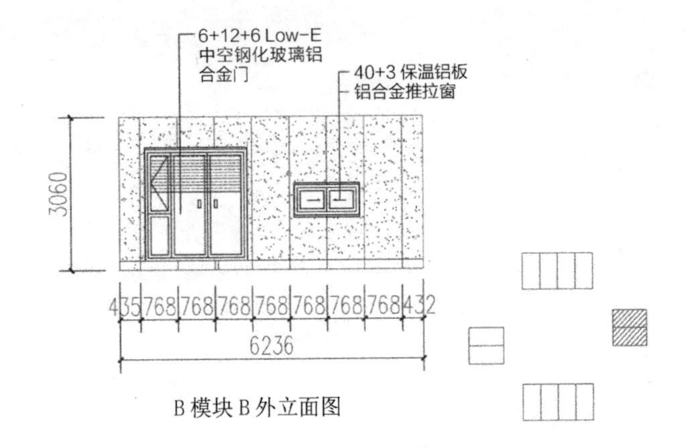

B 模块 B 外立面图

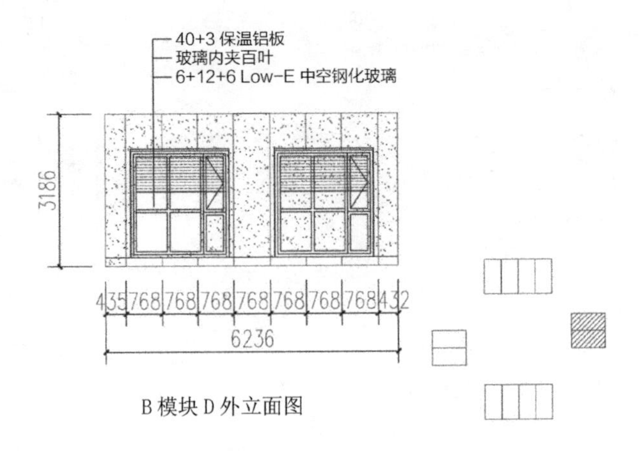

B 模块 D 外立面图

图 1-44　B 模块外饰面

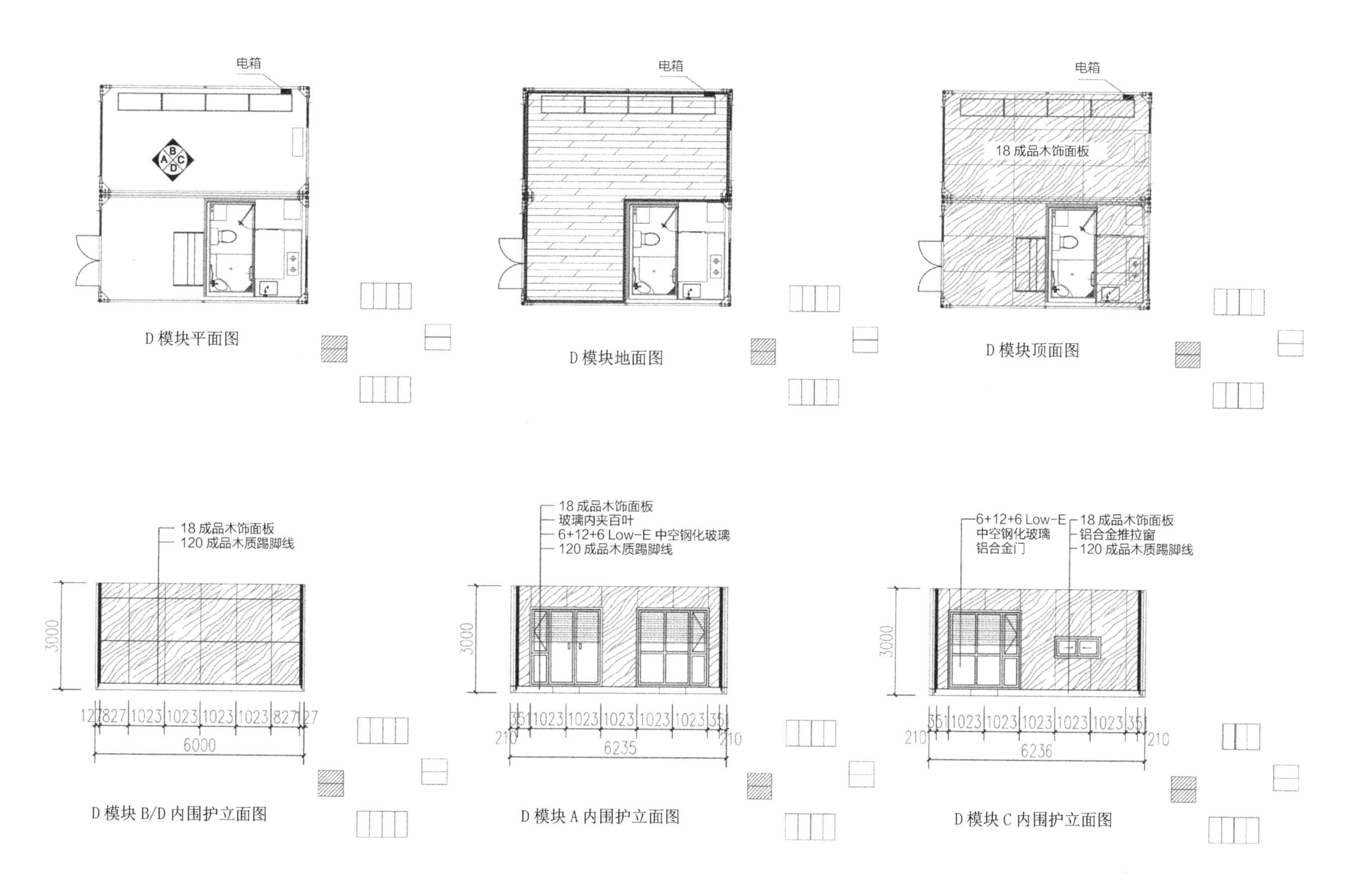
电箱
D 模块平面图
电箱
D 模块地面图
电箱
18 成品木饰面板
D 模块顶面图
18 成品木饰面板
120 成品木质踢脚线
3000
127 827 1023 1023 1023 1023 827 127
6000
D 模块 B/D 内围护立面图
18 成品木饰面板
玻璃内夹百叶
6+12+6 Low-E 中空钢化玻璃
120 成品木质踢脚线
3000
351 1023 1023 1023 1023 1023 351
210 210
6235
D 模块 A 内围护立面图
6+12+6 Low-E
中空钢化玻璃
铝合金门
18 成品木饰面板
铝合金推拉窗
120 成品木质踢脚线
3000
351 1023 1023 1023 1023 1023 351
210 210
6236
D 模块 C 内围护立面图

图 1-45　D 模块内装

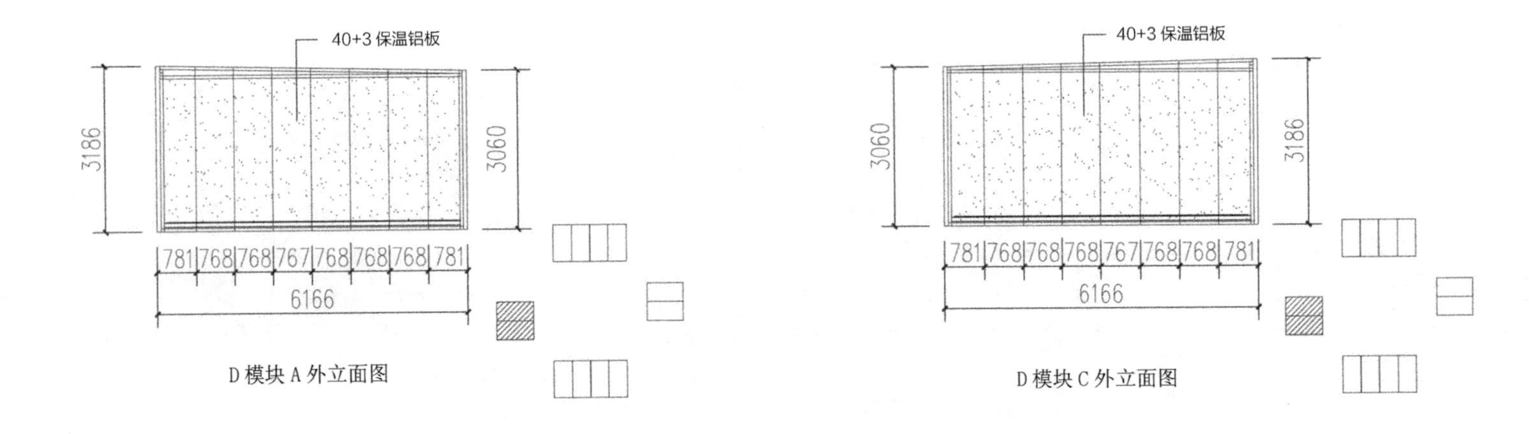
40+3 保温铝板
3186
3060
781 768 768 767 768 768 768 781
6166
D 模块 A 外立面图
40+3 保温铝板
3060
3186
781 768 768 768 767 768 768 781
6166
D 模块 C 外立面图

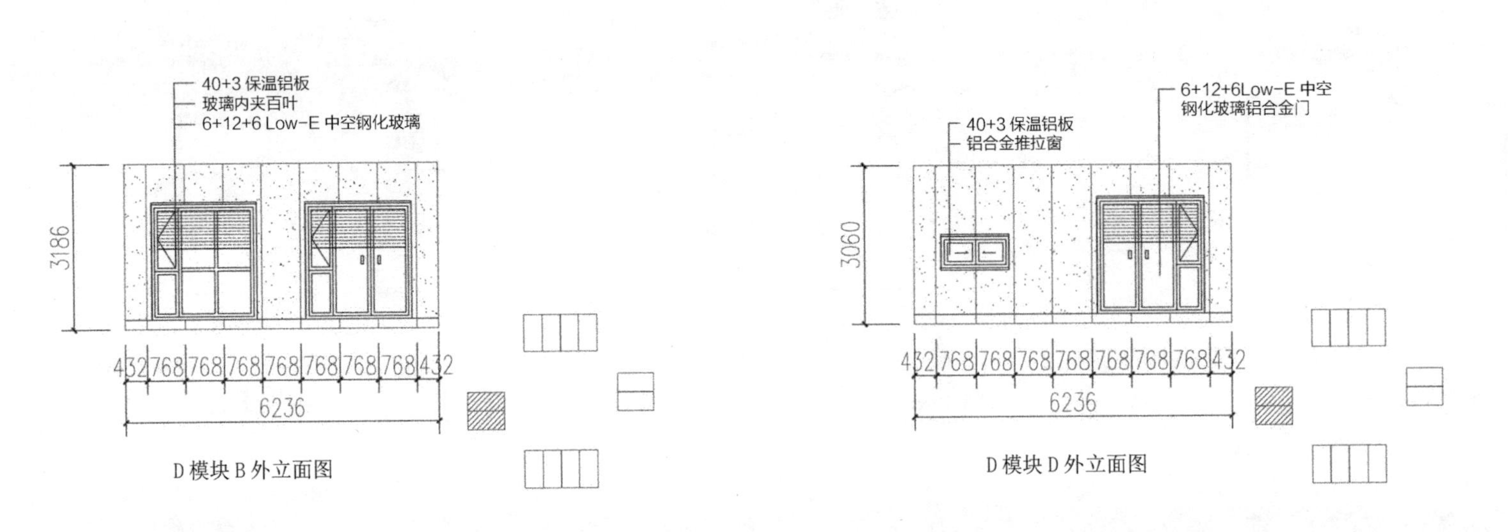
40+3 保温铝板
玻璃内夹百叶
6+12+6 Low-E 中空钢化玻璃
3186
432 768 768 768 768 768 768 768 432
6236
D 模块 B 外立面图
40+3 保温铝板
铝合金推拉窗
6+12+6Low-E 中空
钢化玻璃铝合金门
3060
432 768 768 768 768 768 768 768 432
6236
D 模块 D 外立面图

图 1-46　D 模块外饰面

1.2.6 屋顶·结构

图 1-47 实景图

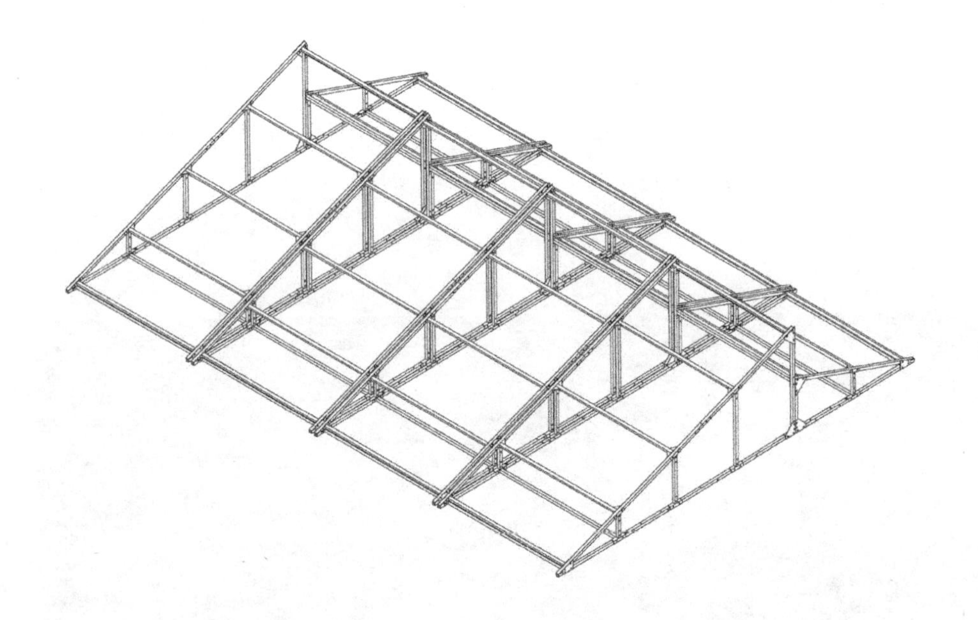

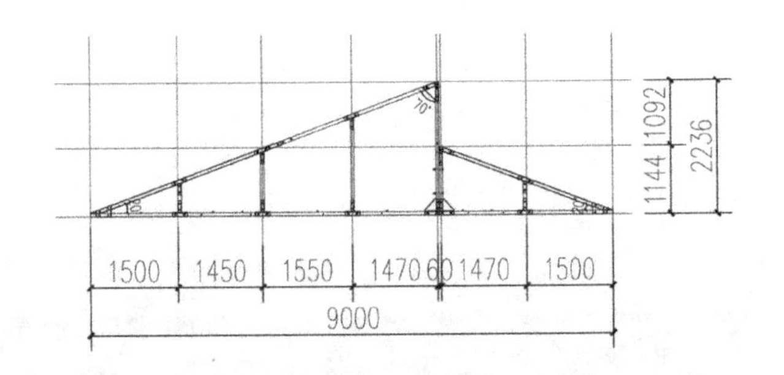

屋顶结构单元立面图

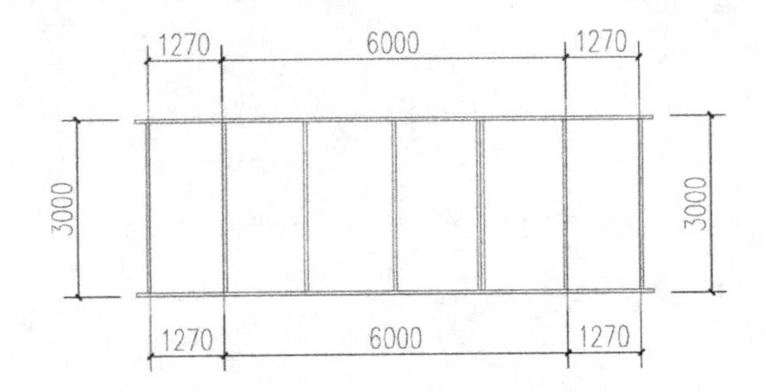

结构框架单元 1 顶面图

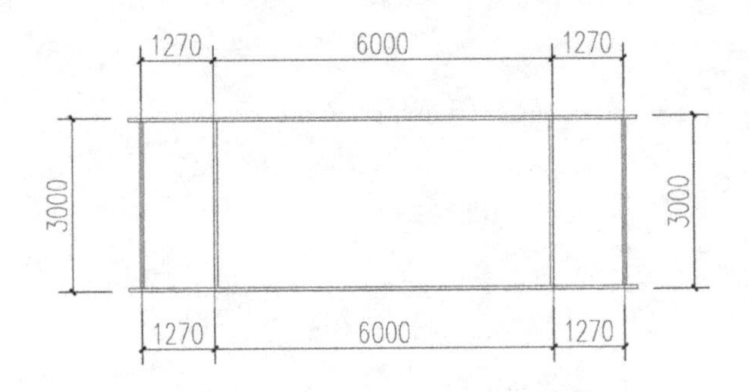

结构框架单元 1 底面图

图 1-48　D 模块屋顶结构图

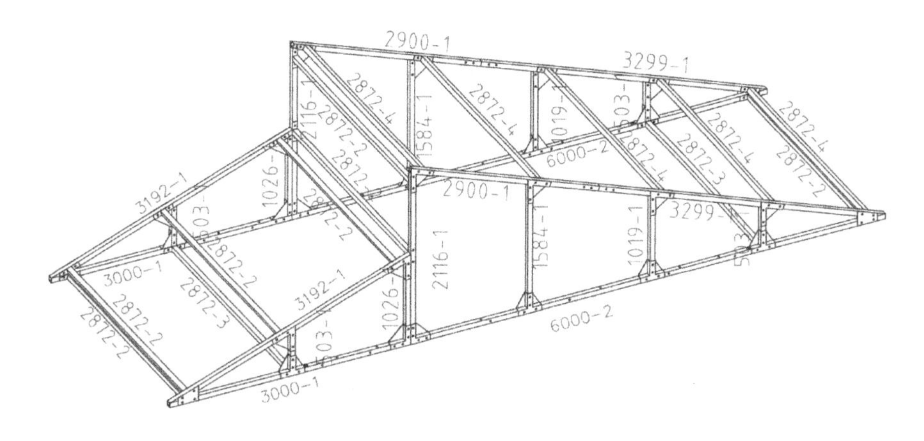

型材编号	长度	数量	型材编号	长度	数量	型材编号	长度	数量	型材编号	长度	数量	型材编号	长度	数量	型材编号	长度	数量
6000-2	6000	2	3192-1	3192	2	2116-1	2116	2	503-1	503	4	IJ-5	50×50×500	4	TJ-5-2	—	2
3000-1	3000	2	2872-2	2872	6	1584-1	1584	2	SJ-3	250×250	4	TJ-2	250×60×200	24	TJ-6-1	—	4
2900-1	2900	2	2872-3	2872	2	1026-1	1026	2	SJ-4	313×313	4	TJ-3	250×60×200	4	TJ-6-2	—	4
3464-1	3464	2	2872-4	2872	5	1019-1	1019	2	SJ-5	250×188	4	TJ-4	—	8	TJ-7-1	—	2
—	—	—	—	—	—	—	—	—	—	—	—	TJ-5-1	—	2	TJ-7-2	—	2

屋顶单元 1

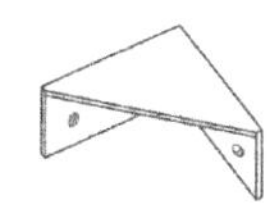

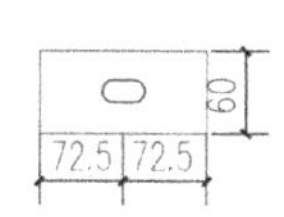

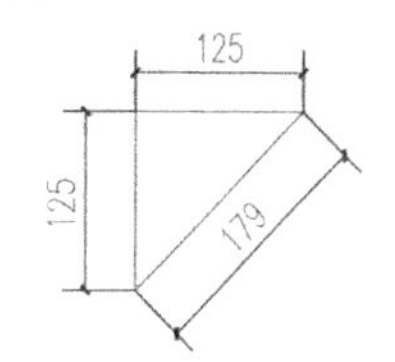

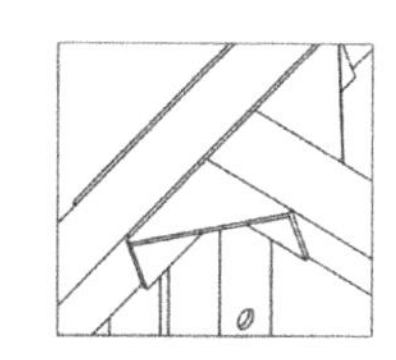

屋顶连接配件 1

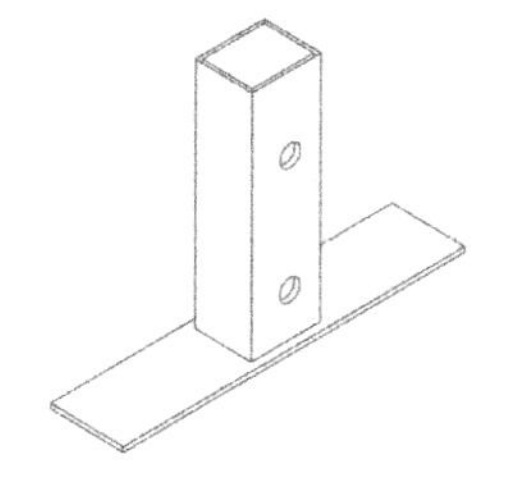

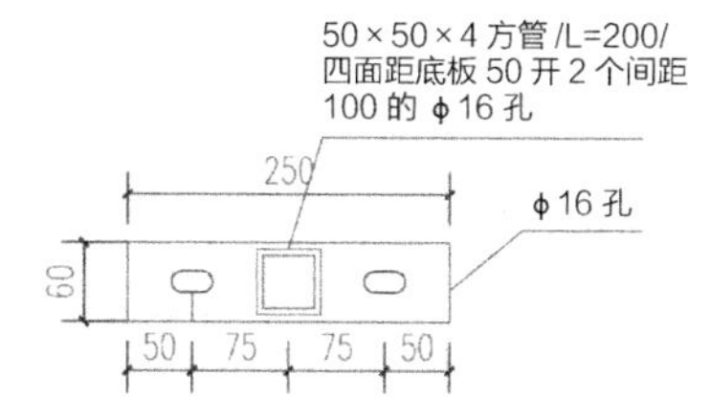

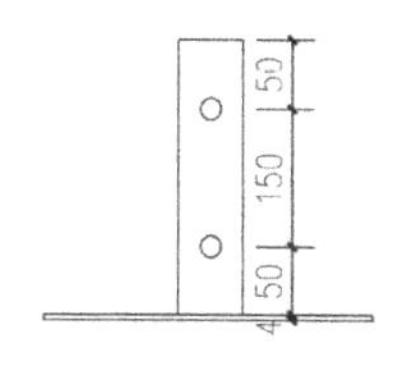

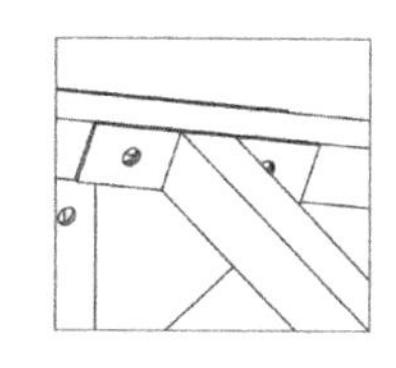

屋顶连接配件 2

图 1-49　屋顶连接配件示意图 1

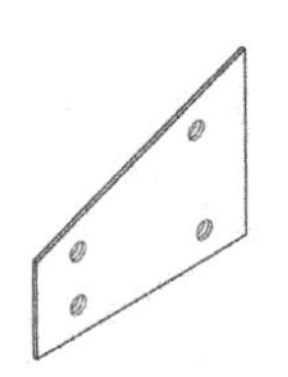

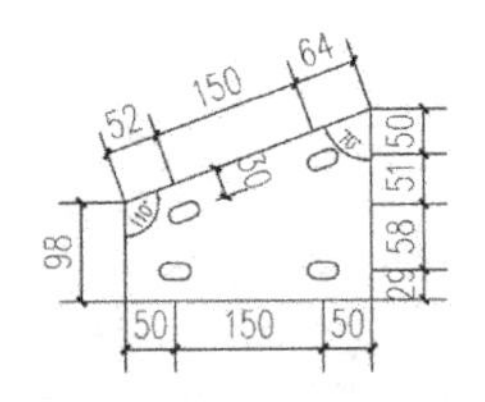

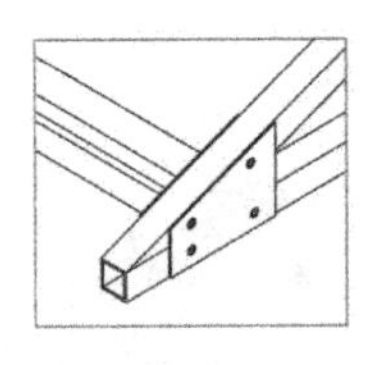

屋顶连接配件 3

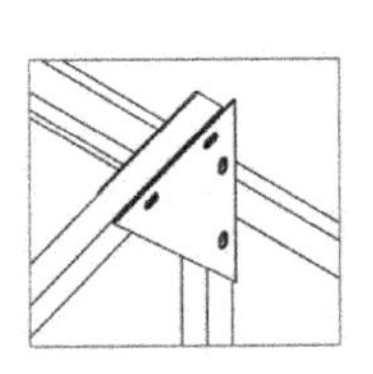

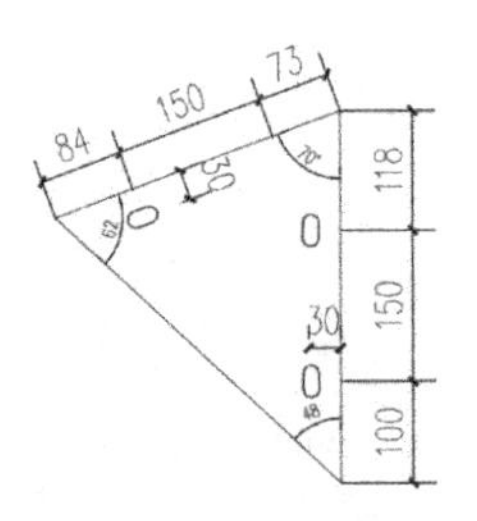

屋顶连接配件 4

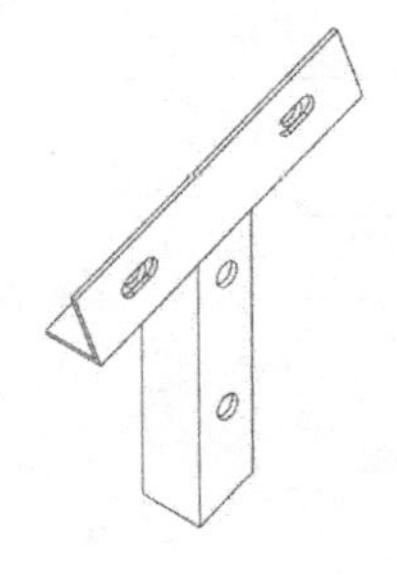

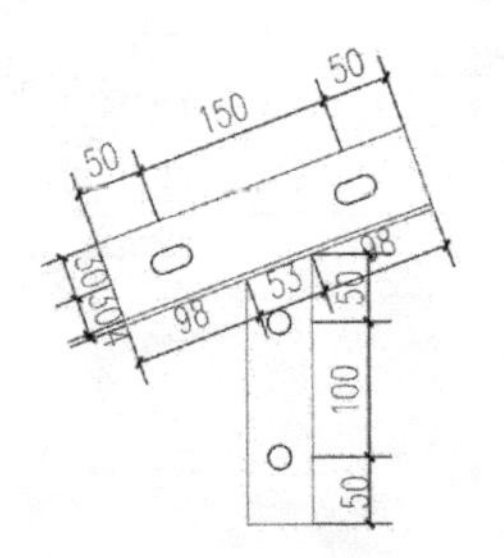

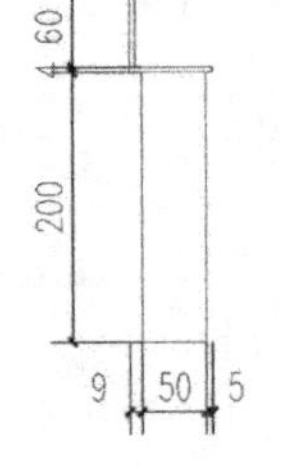

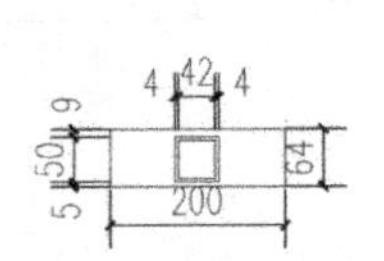

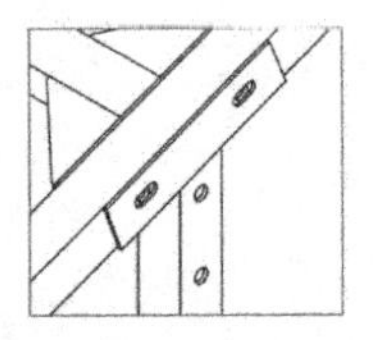

屋顶连接配件 5

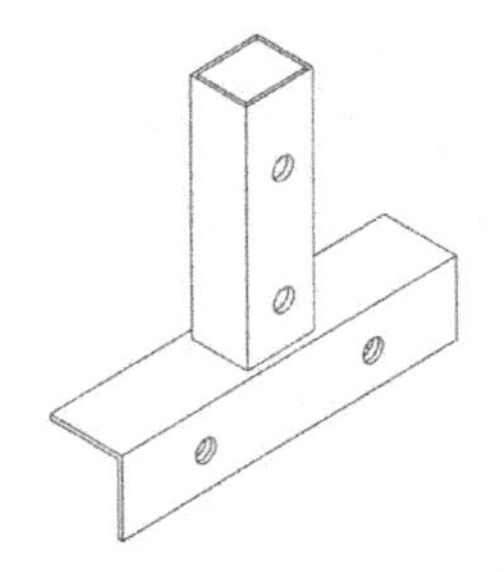

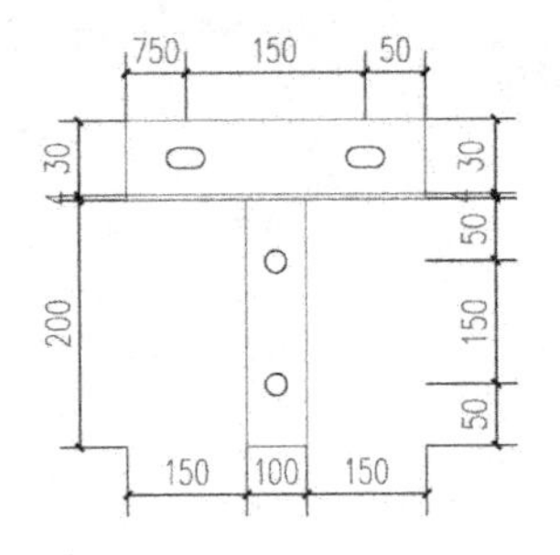

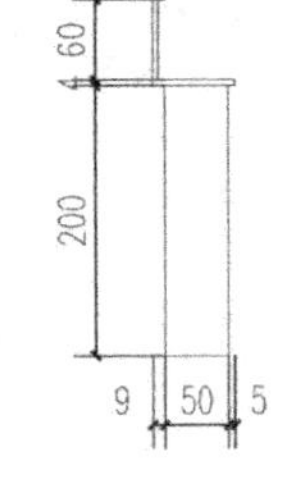

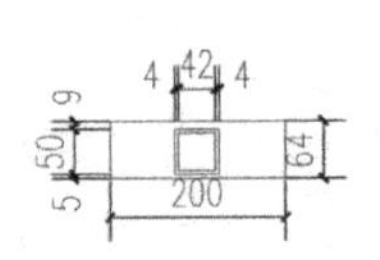

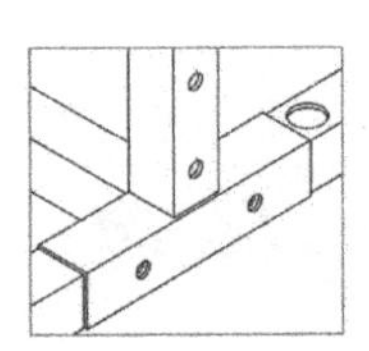

屋顶连接配件 6

图 1-50　屋顶连接配件示意图 2

1.2.7 屋顶 · 围护

图 1-51　实景图

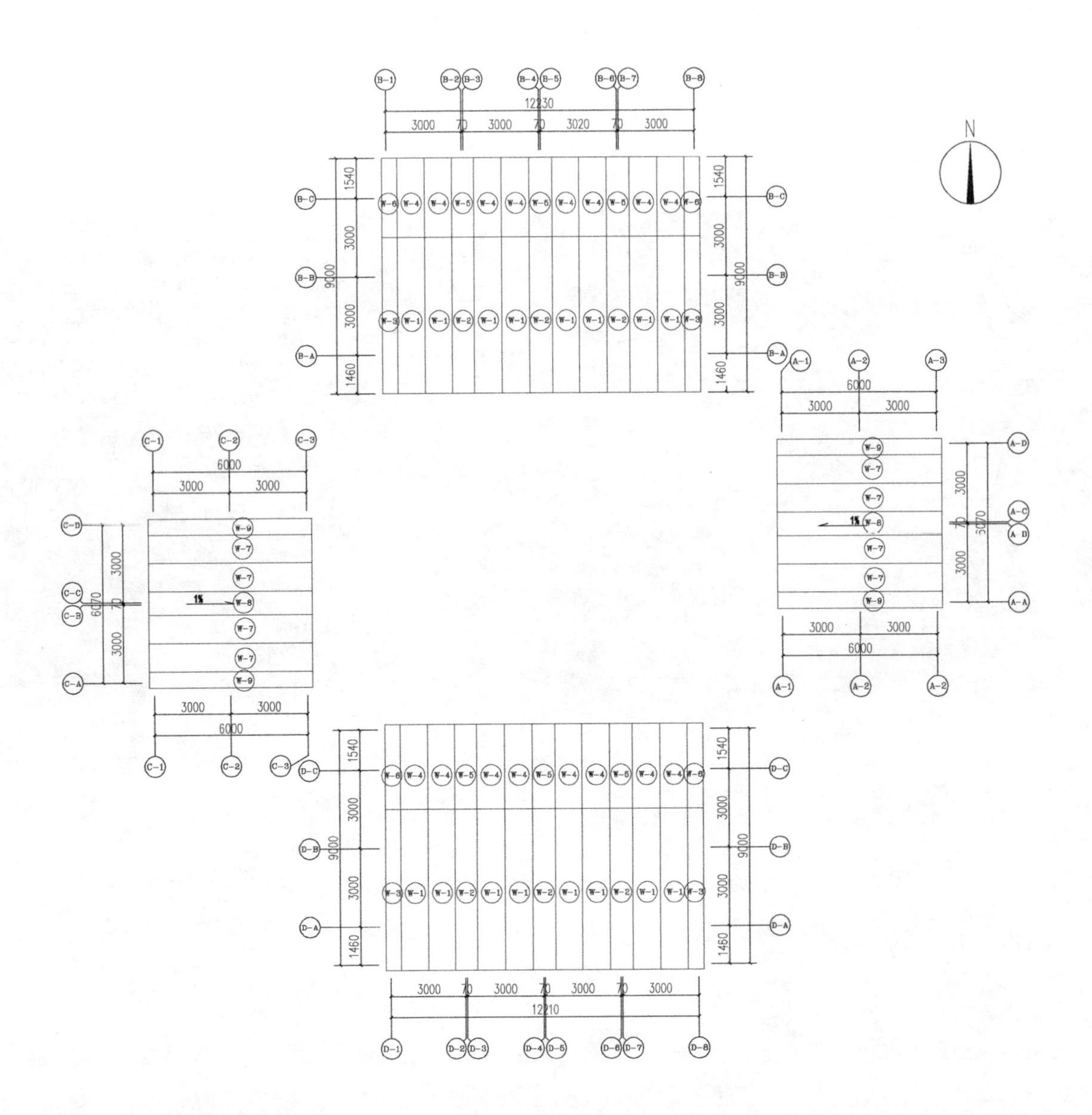

图 1-52　屋顶平面图

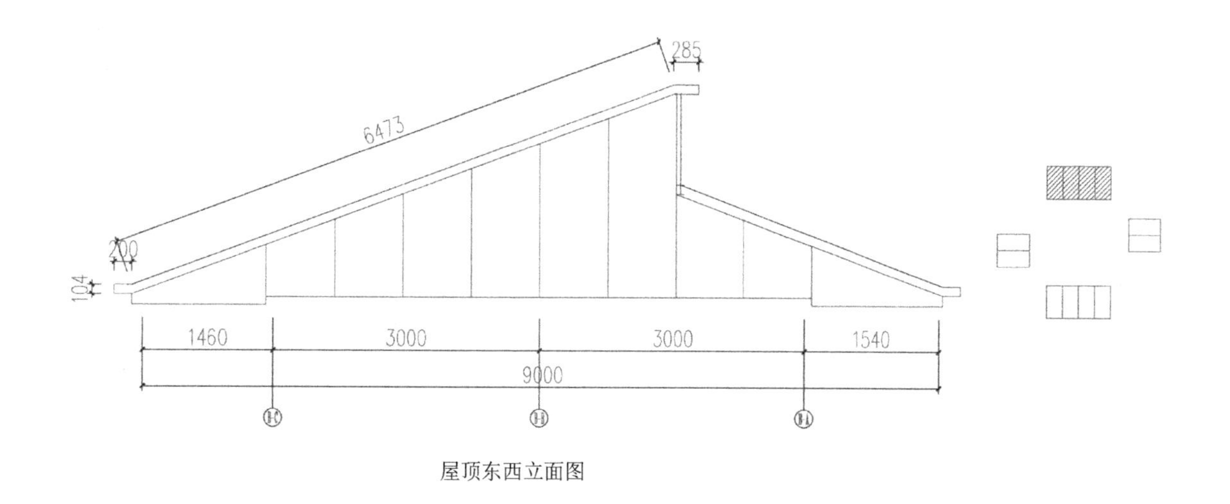

屋顶东西立面图

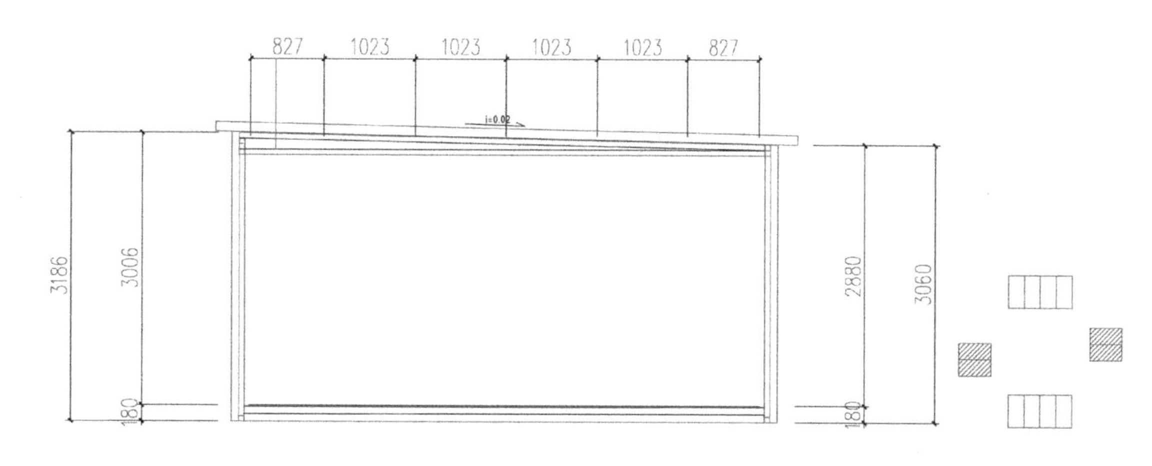

A/C 单元屋顶剖面图

图 1-53　屋顶立面图及剖面图

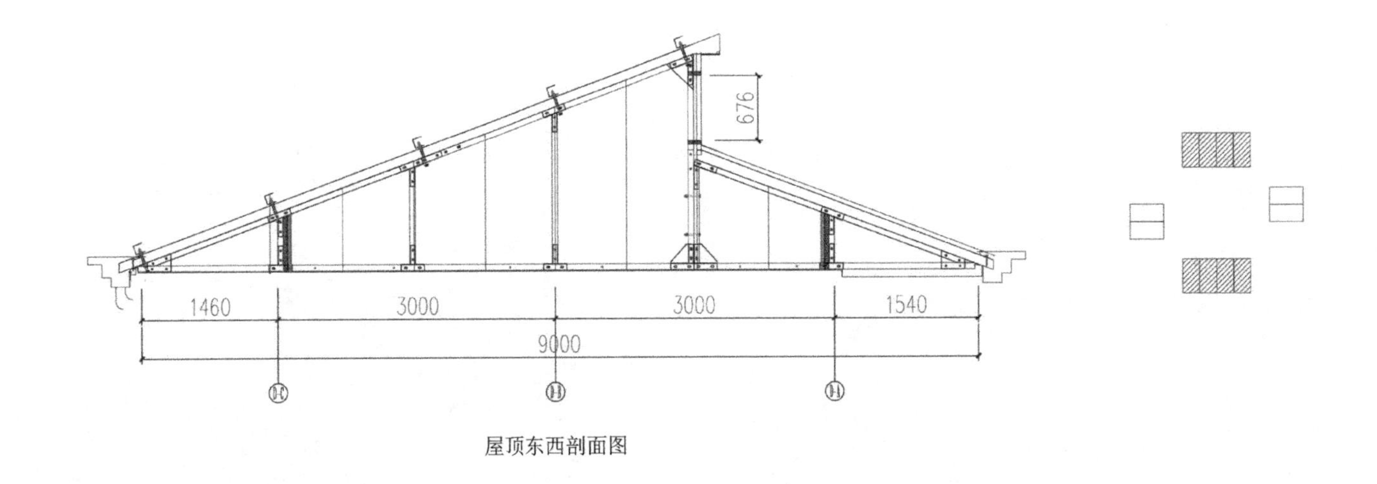

屋顶东西剖面图

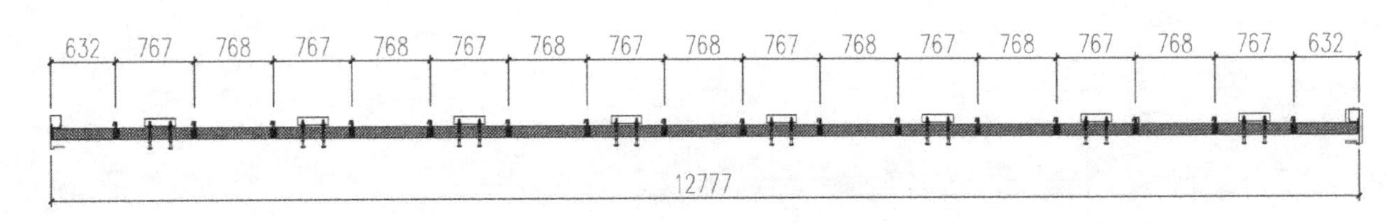

屋顶南剖面图

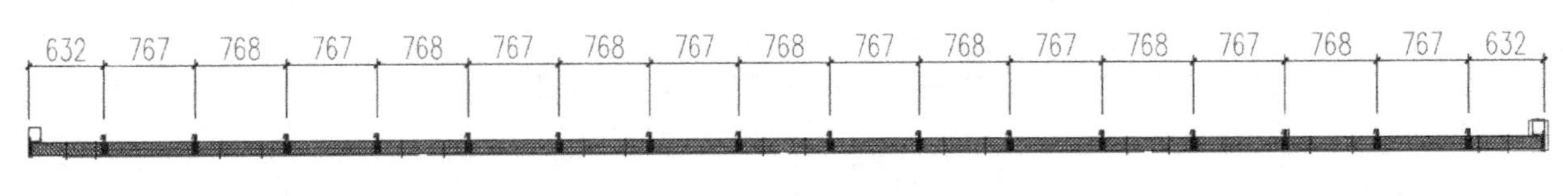

屋顶北剖面图

图 1-54　屋顶剖面图

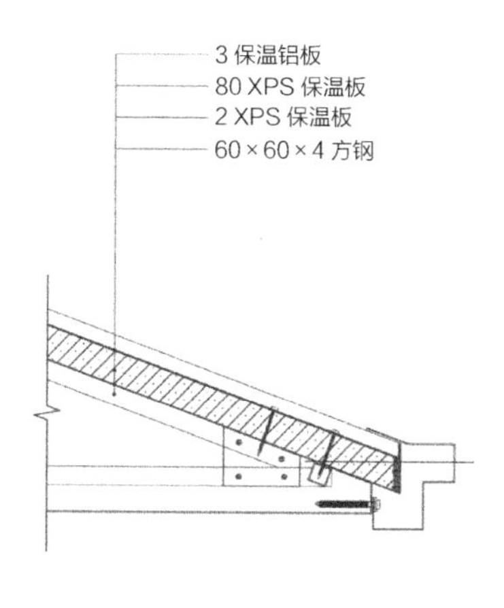

屋顶节点大样 1

6 × 150 燕尾螺丝
16 × 2 密封橡胶垫
80 × 4 密封阻热橡胶
50 × 200 × 30 木方
40+3 保温铝板
40 XPS 保温板
铝薄布
60 × 60 × 4 龙骨钢骨架
铝薄布
40 XPS 保温板
15 基础板
18 成品木饰面

屋顶节点大样 2

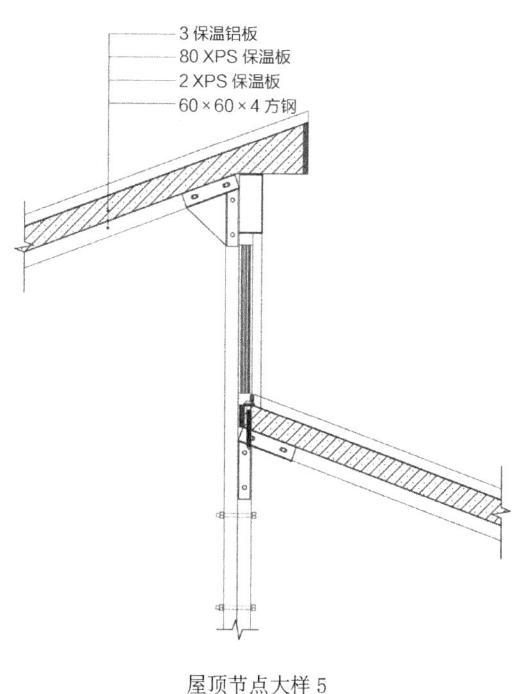

屋顶节点大样 5

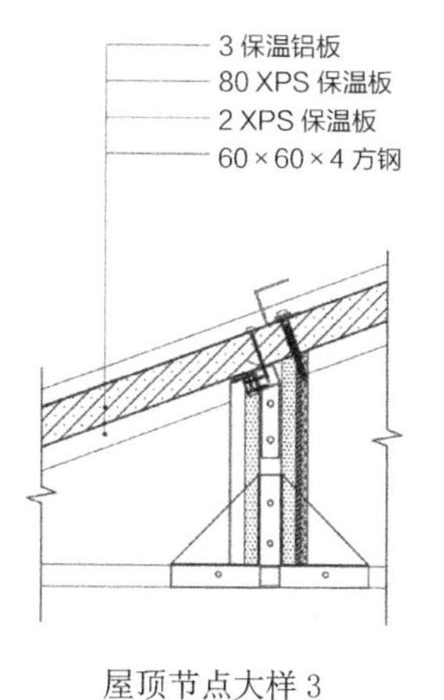

屋顶节点大样 3

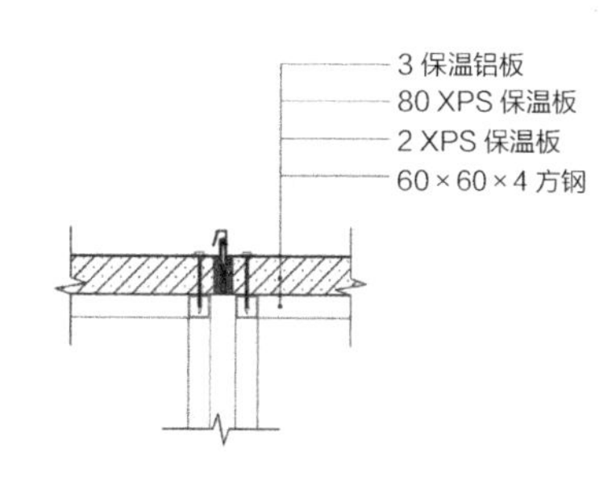

屋顶节点大样 4

图 1-55　屋顶节点大样

2 轻型结构

卢家巷村民活动中心

2.1 项目简介

本项目为卢家巷花苑安置小区内一个工业化村民活动房屋。轻型结构，基础采用千斤顶结构，主体屋顶由 60×60 方管等采用特定的连接方式连接形成，然后再通过一定的构造方式与围护连接。此种方式安装迅速，拆卸方便，可重复利用。

图 2-1 实景图 1

图 2-2　实景图 2

图 2-3　实景图 3

图 2-4　实景图 4

图 2-5 实景图 5

图 2-6 实景图 6

图 2-7 实景图 7

图 2-8 实景图 8

2.2 技术图纸

2.2.1 基本图纸

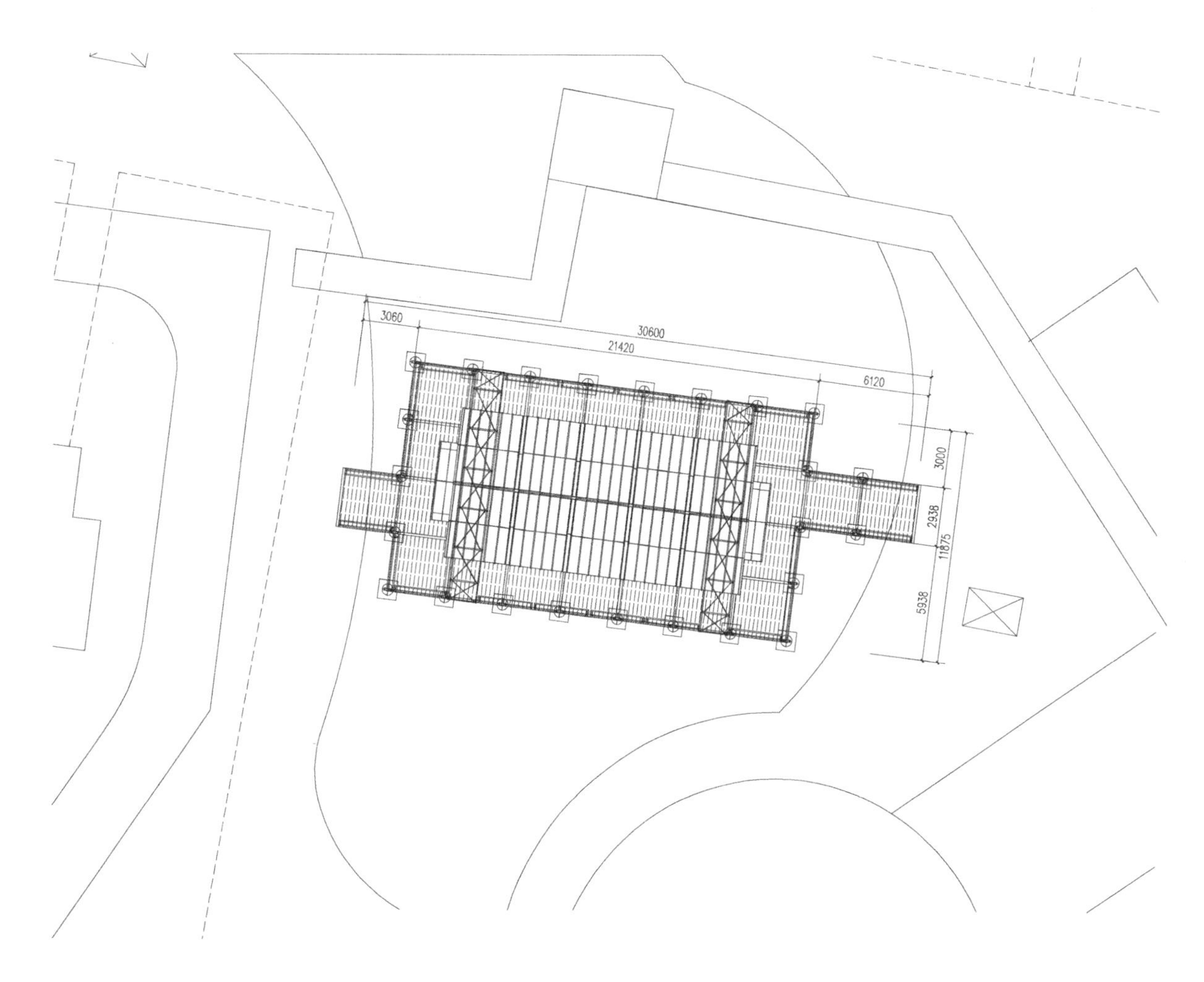

图 2-9 总平面图

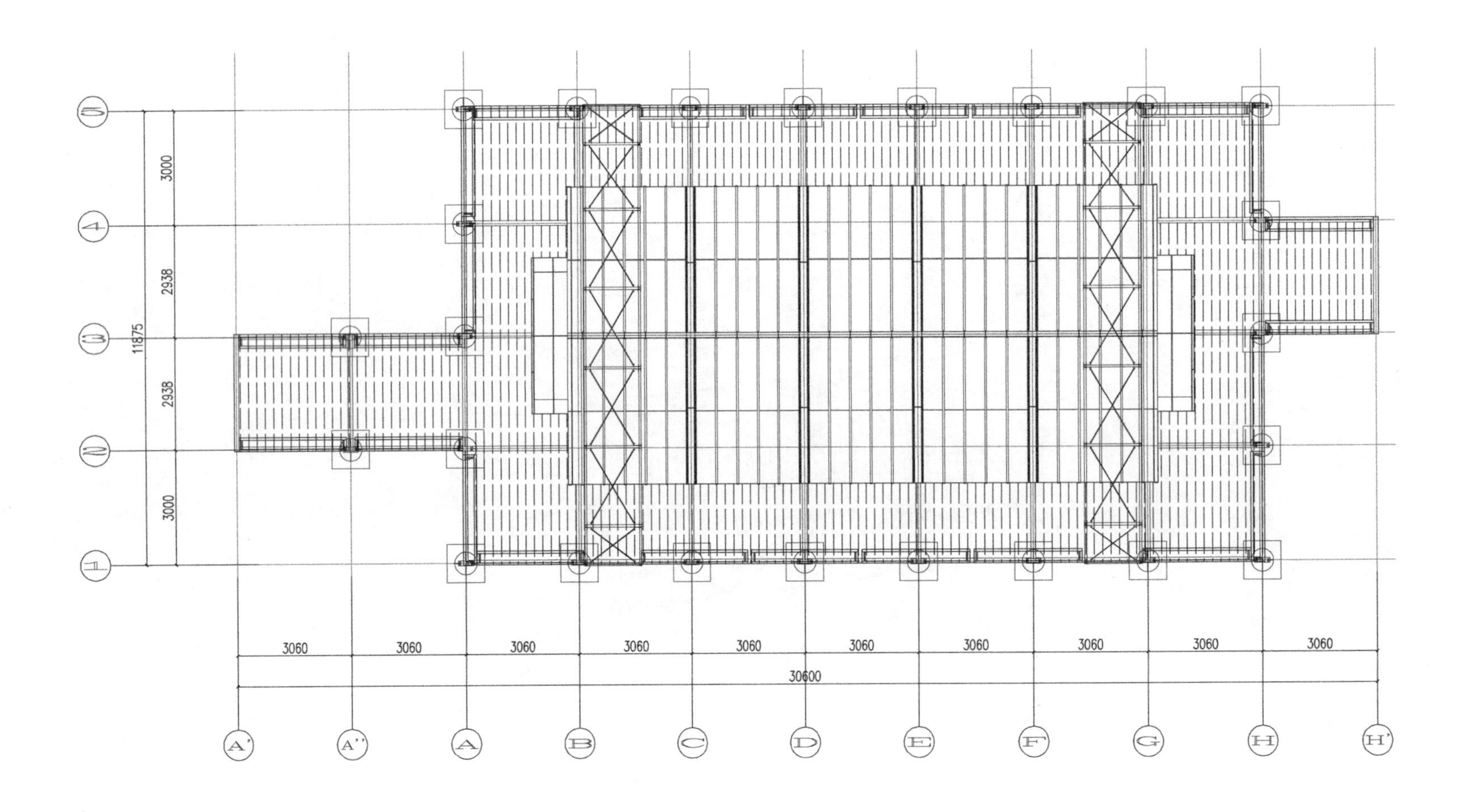
5
4
3
2
1
3000
2938
2938
3000
11875
3060
3060
3060
3060
3060
3060
3060
3060
3060
3060
30600
A'
A''
A
B
C
D
E
F
G
H
H'

图 2-10　屋顶平面图

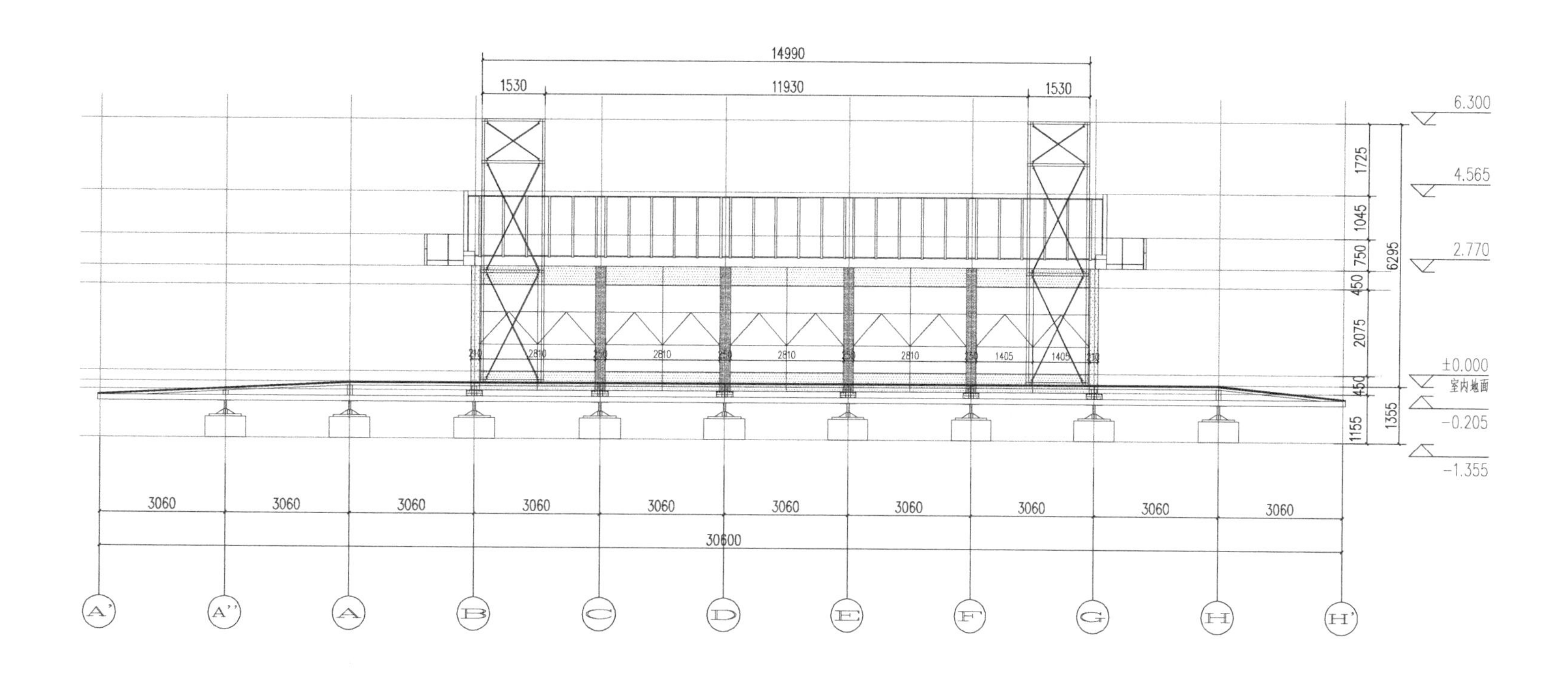

14990
1530
11930
1530
6.300
4.565
2.770
±0.000
室内地面
-0.205
-1.355
1725
1045
750
450
2075
450
6295
1355
1155
2810
1405
3060
30600
A'
A''
A
B
C
D
E
F
G
H
H'

图 2-11 Ⓐ'-Ⓗ' 立面图

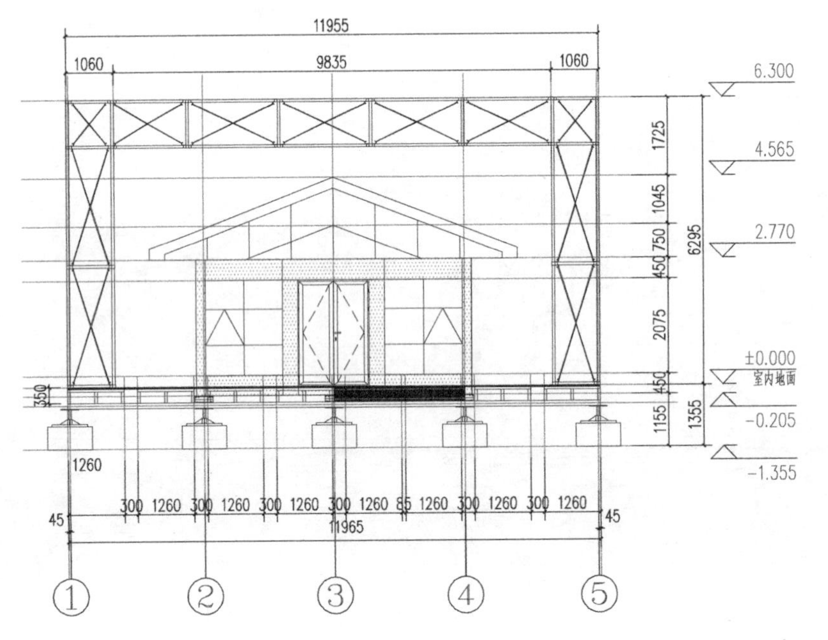

图 2-12 ①-⑤立面图

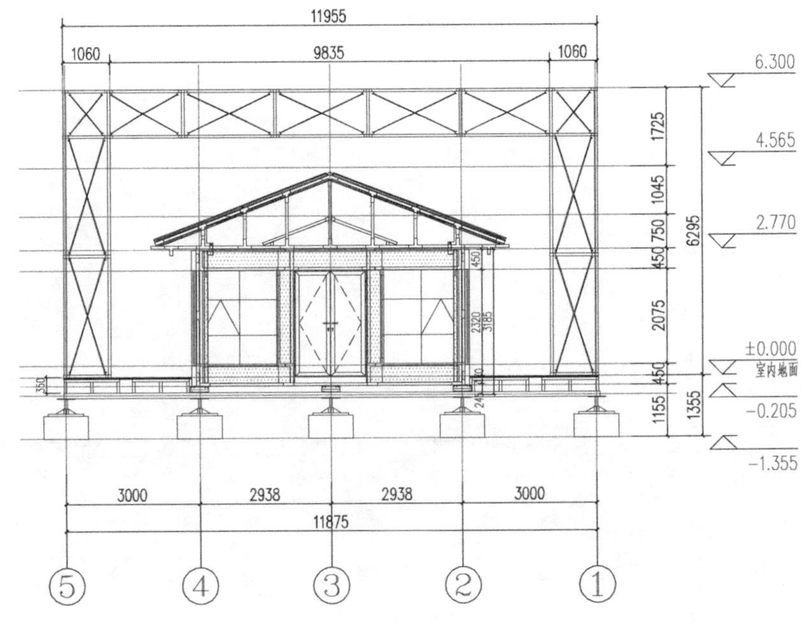

图 2-13 ⑤-①剖面图

2.2.2 基础结构

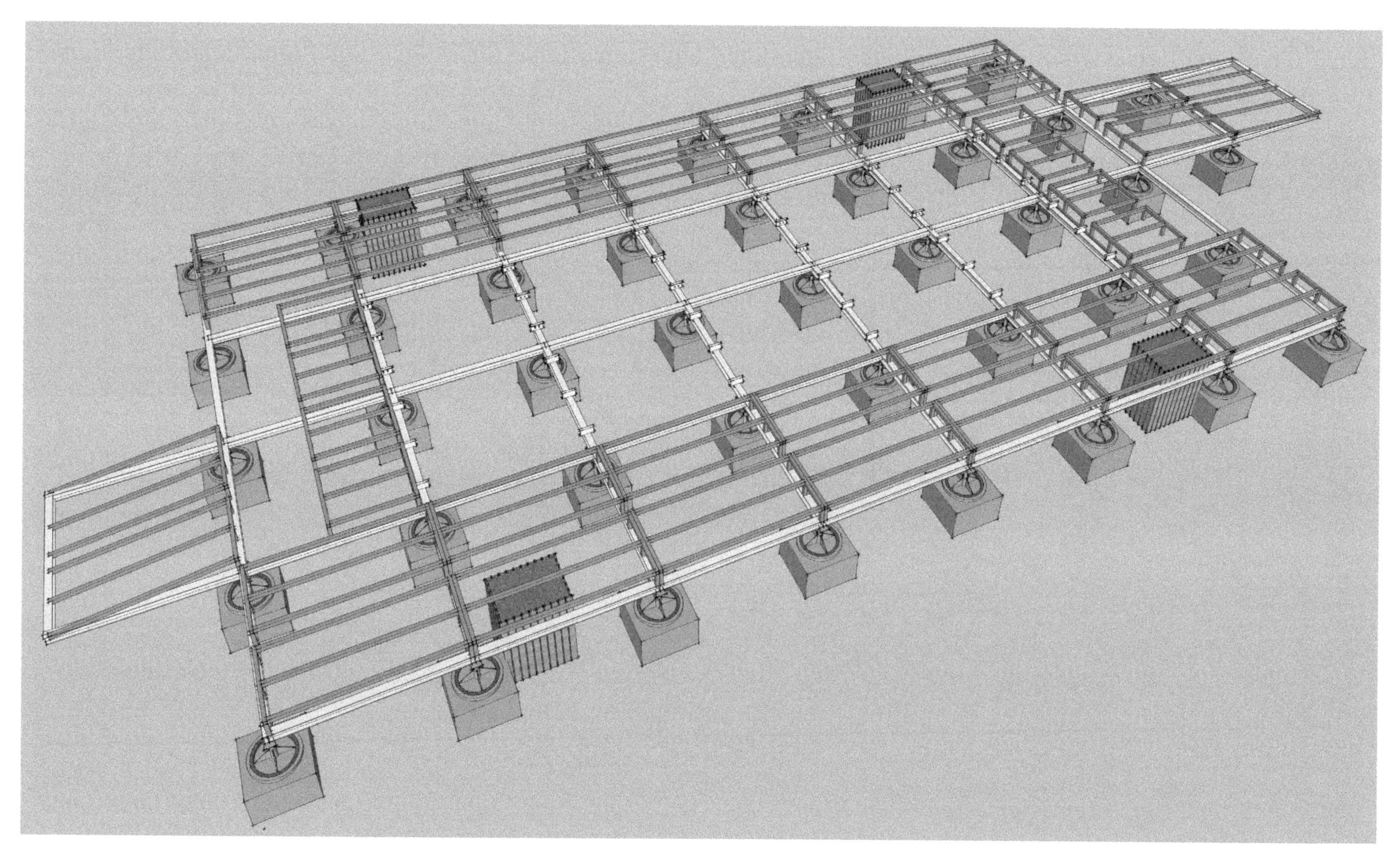

图 2-14 基础结构模型图

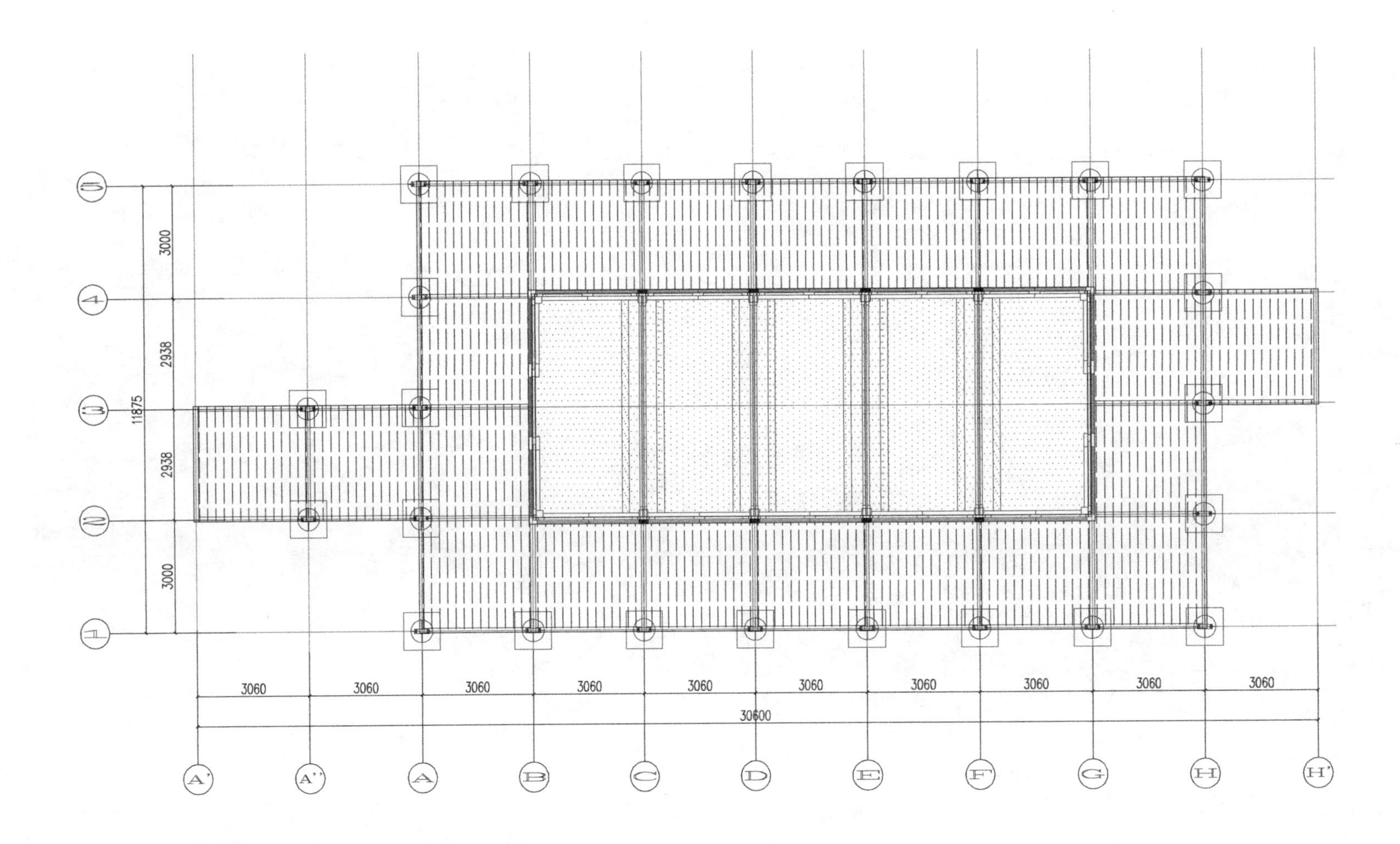
3000
2938
11875
2938
3000
3060
3060
3060
3060
3060
3060
3060
3060
3060
3060
30600
A'
A''
A
B
C
D
E
F
G
H
H'

图 2-15　平面图

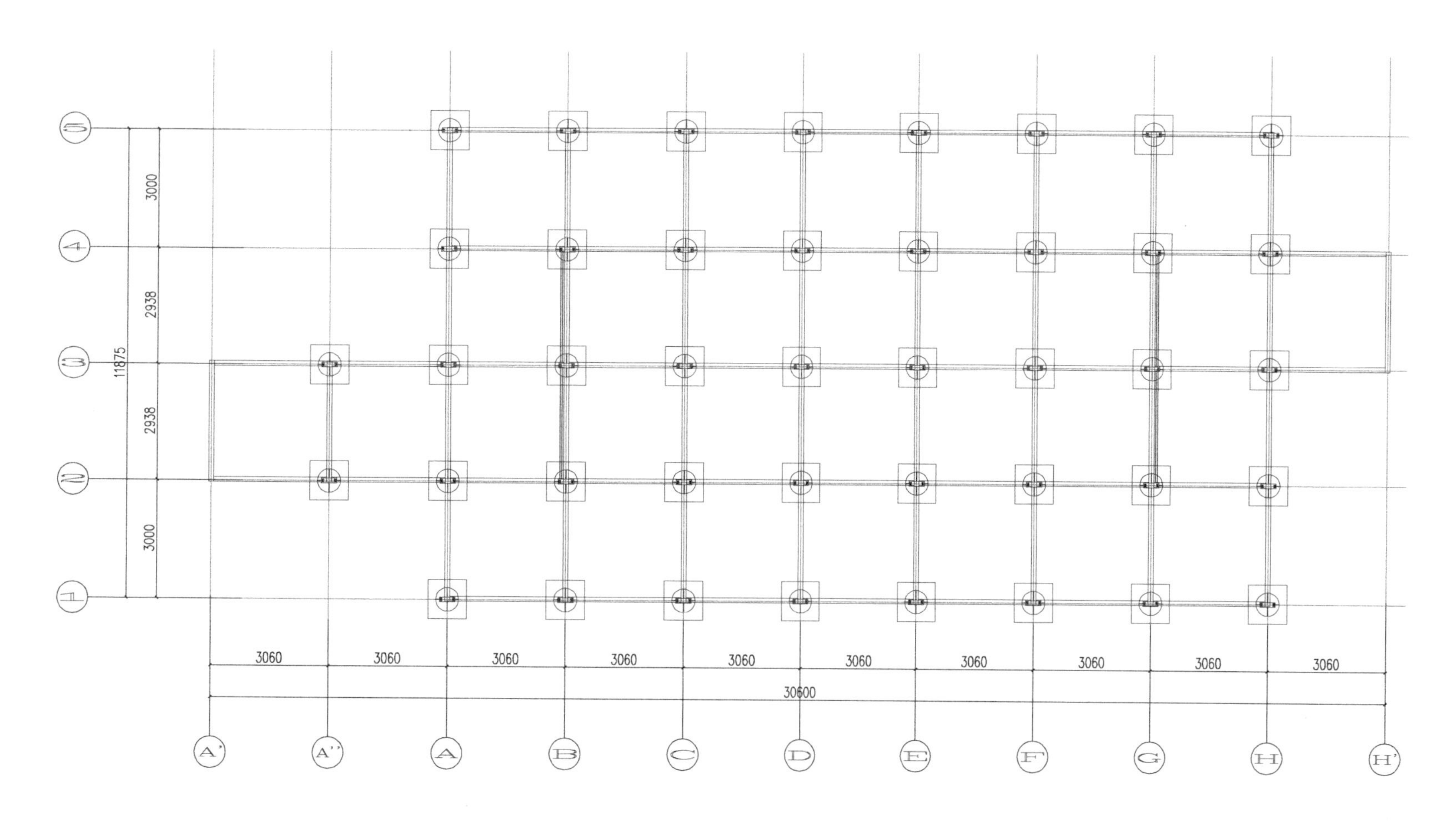

图 2-16　基础结构平面图

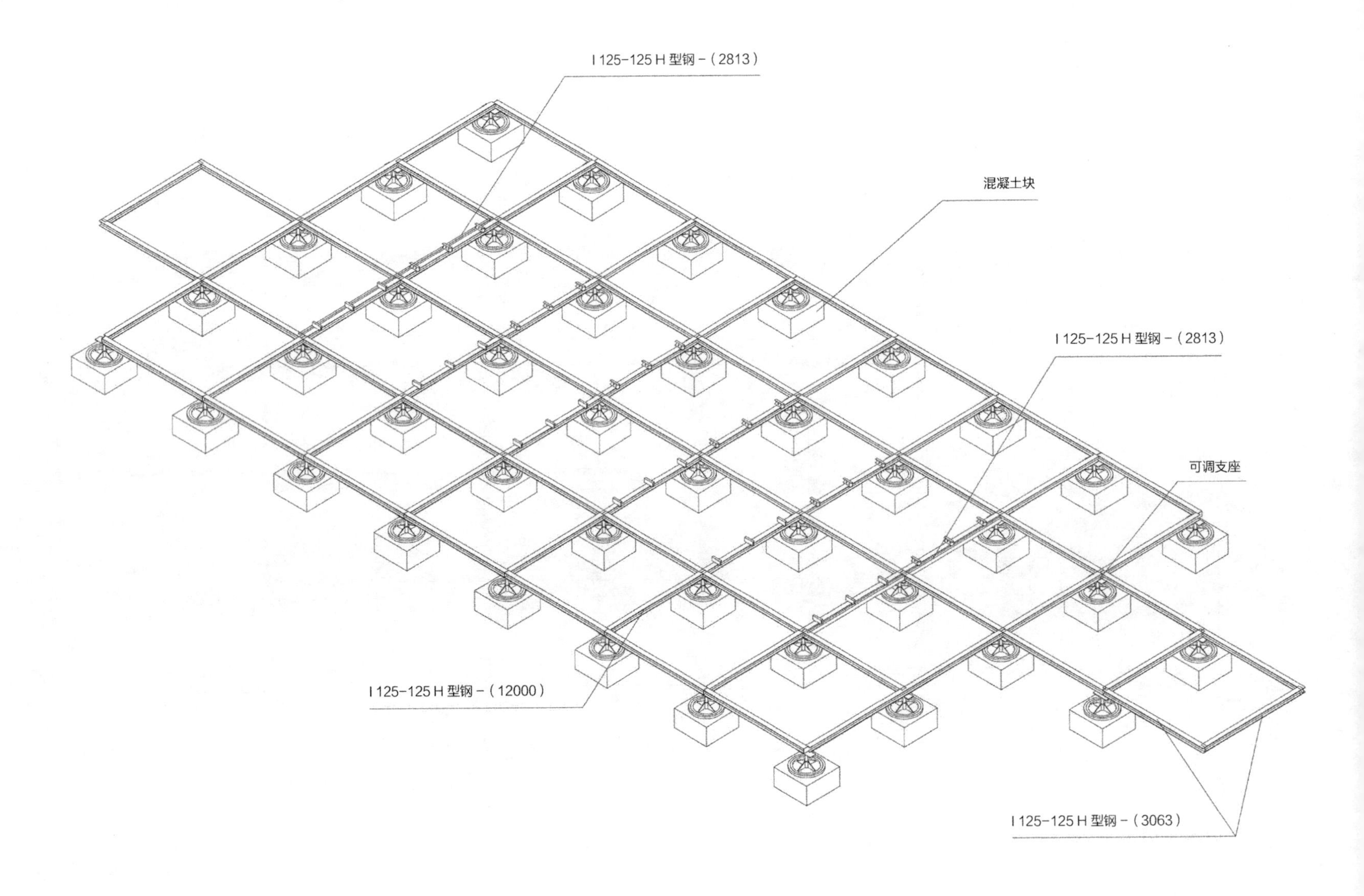

图 2-17　基础模块轴测图

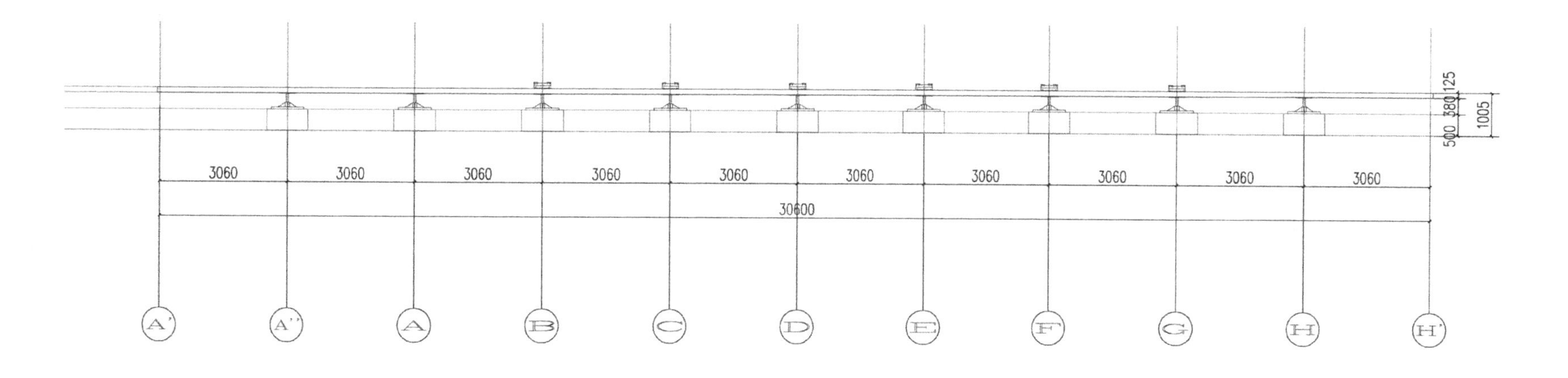

图 2-18 Ⓐ'-Ⓗ' 基础结构立面图

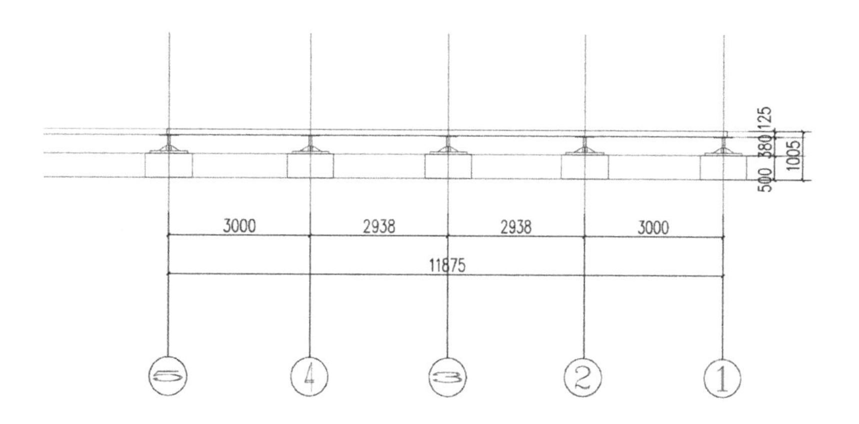

图 2-19 ⑤-①基础结构立面图

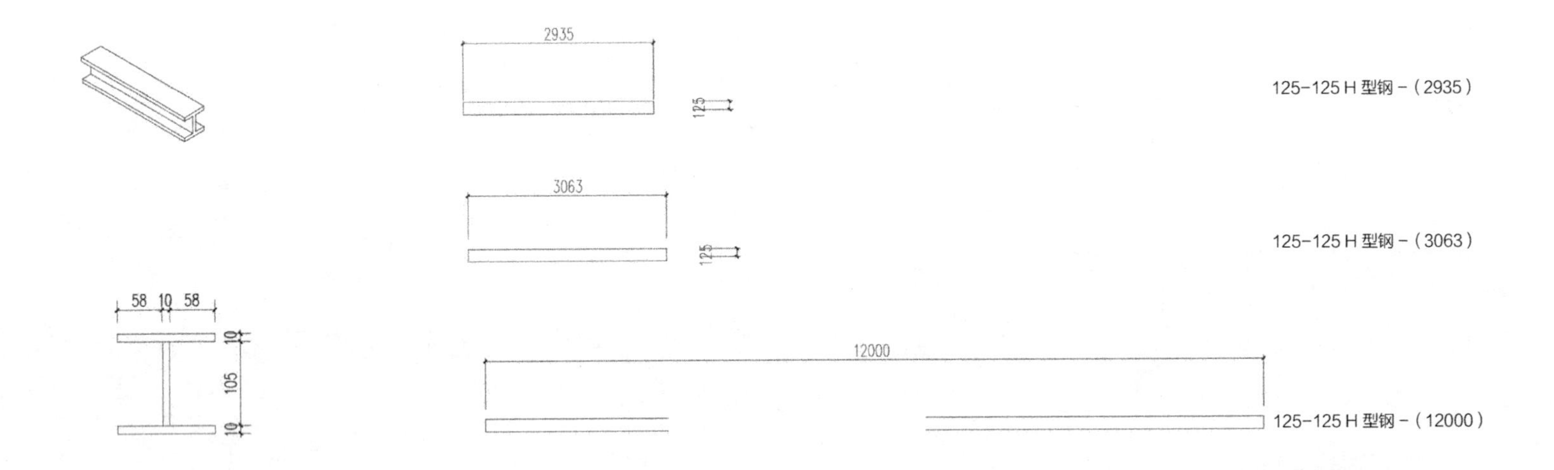

图 2-20　基础结构件 1

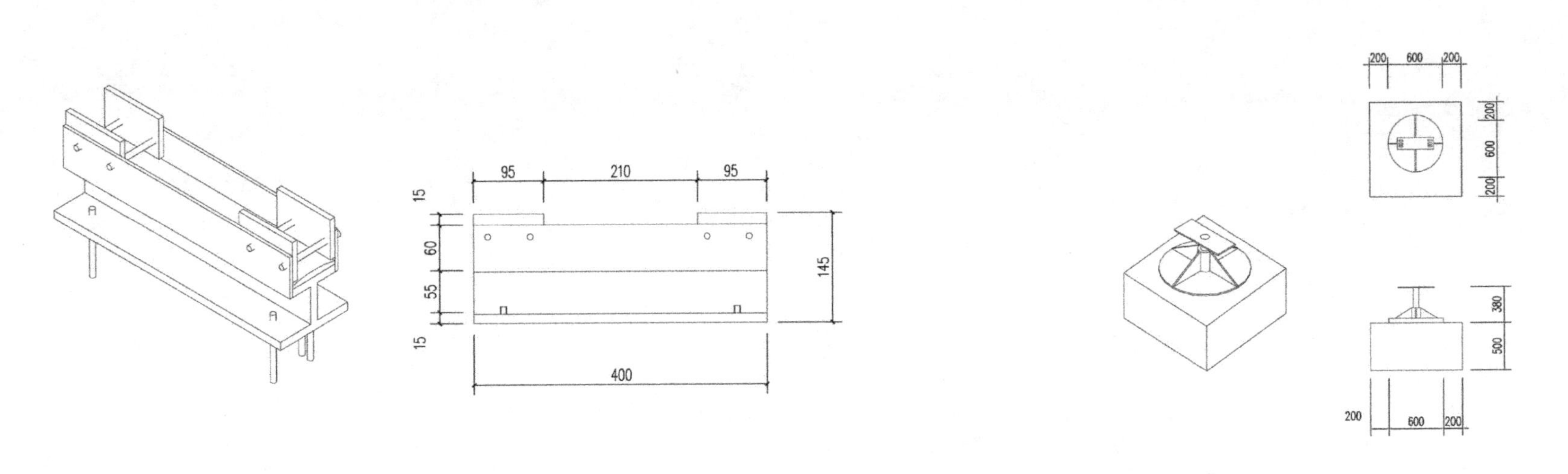

图 2-21　基础结构件 2

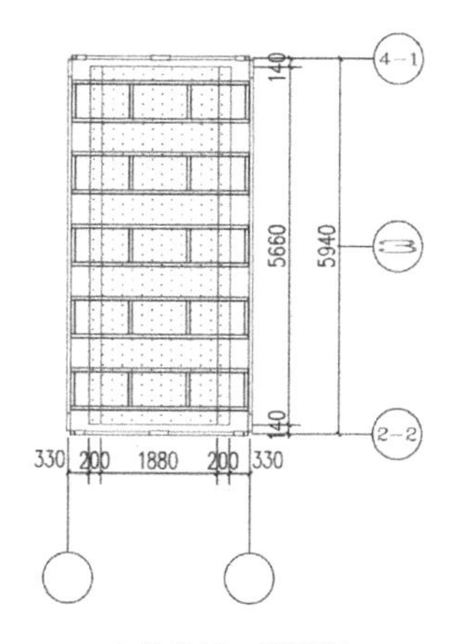

主体地板 1 平面图

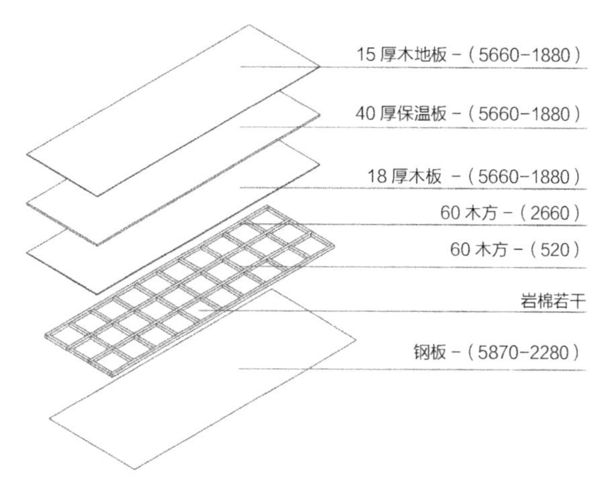

主体地板 1 节点图

主体地板 1（×3）	
60 木方 -（5660）	4
60 木方 -（520）	39
钢板 -（5870-2280）	1
18 厚木板 -（5660-1880）	1
40 厚保温板 -（5660-1880）	1
15 厚木地板 -（5660-1880）	1
岩棉	若干

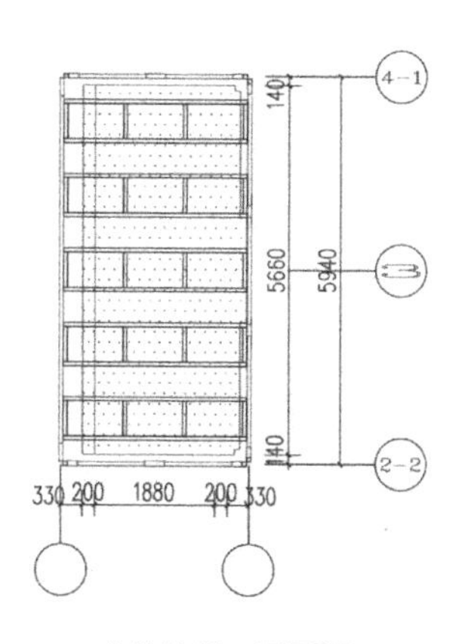

主体地板 2 平面图

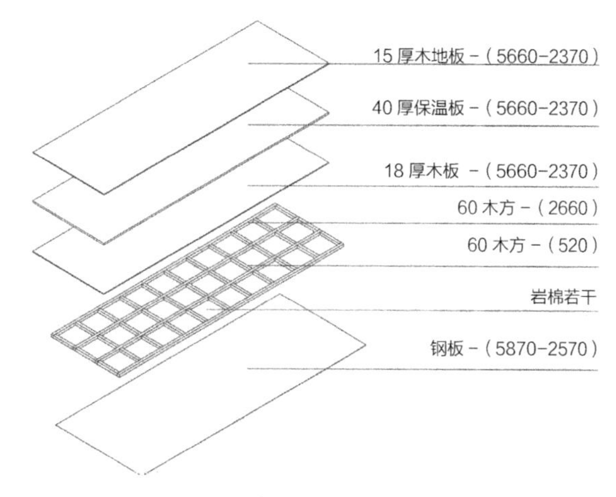

主体地板 2 节点图

主体地板 2（×2）	
60 木方 -（5660）	5
60 木方 -（520）	44
钢板 -（5870-2570）	1
18 厚木板 -（5660-2370）	1
40 厚保温板 -（5660-2370）	1
15 厚木地板 -（5660-2370）	1
岩棉	若干

图 2-22　主体地板

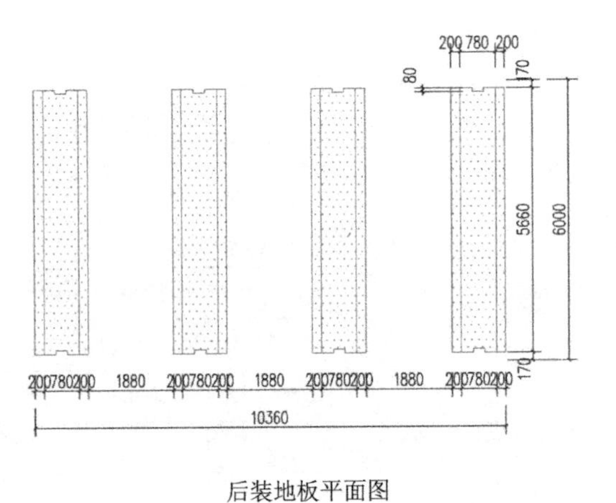

后装地板平面图

后装地板做法示意图

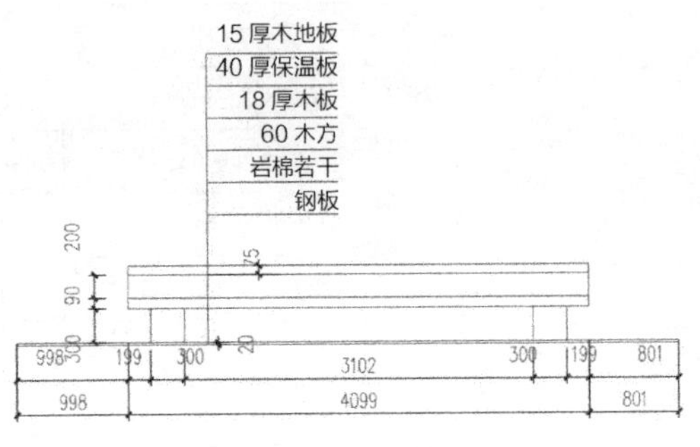

后装地板立面大样图一

后装地板立面大样图二

后装地板（×4）	
60 木方 -（5660）	3
60 木方 -（560）	22
钢板 -（5660-820）	1
18 厚木板 -（5660-820）	1
40 厚保温板 -（5660-820）	1
15 厚木地板 -（5660-820）	1
岩棉	若干

图 2-23　后装地板

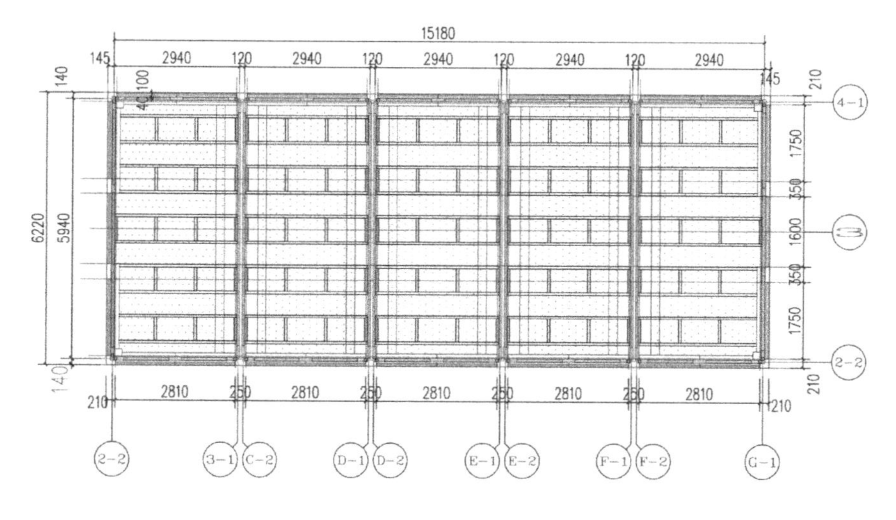

平面图

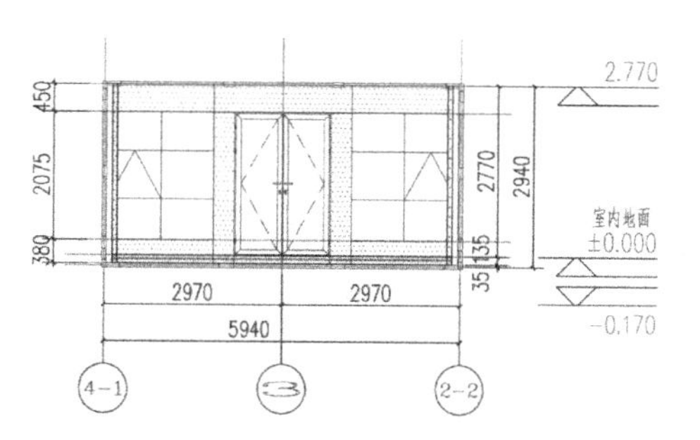

内装立面图

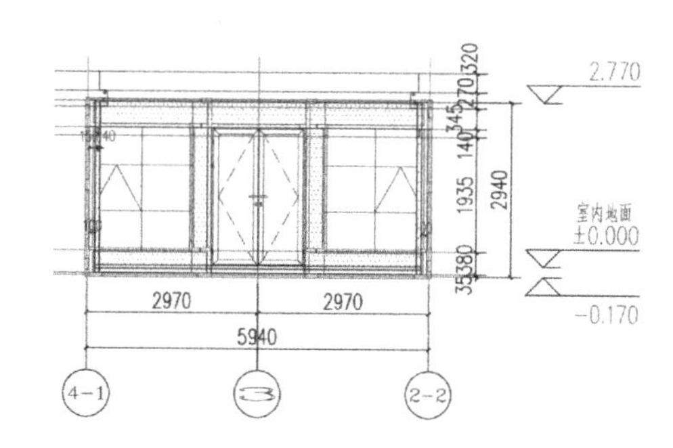

剖面图

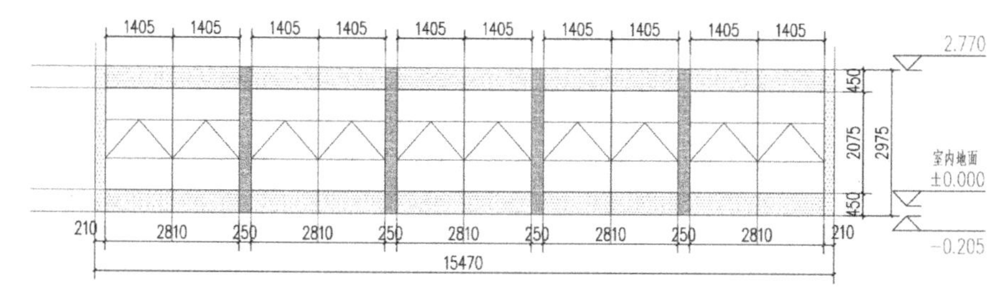

纵墙立面图

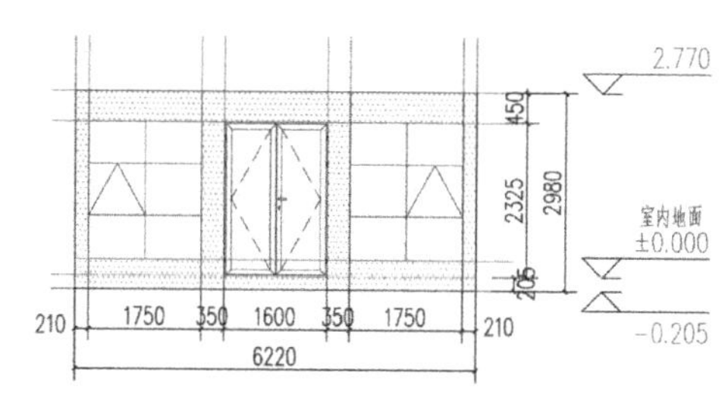

山墙立面图

图 2-24　墙体平面图、立面图

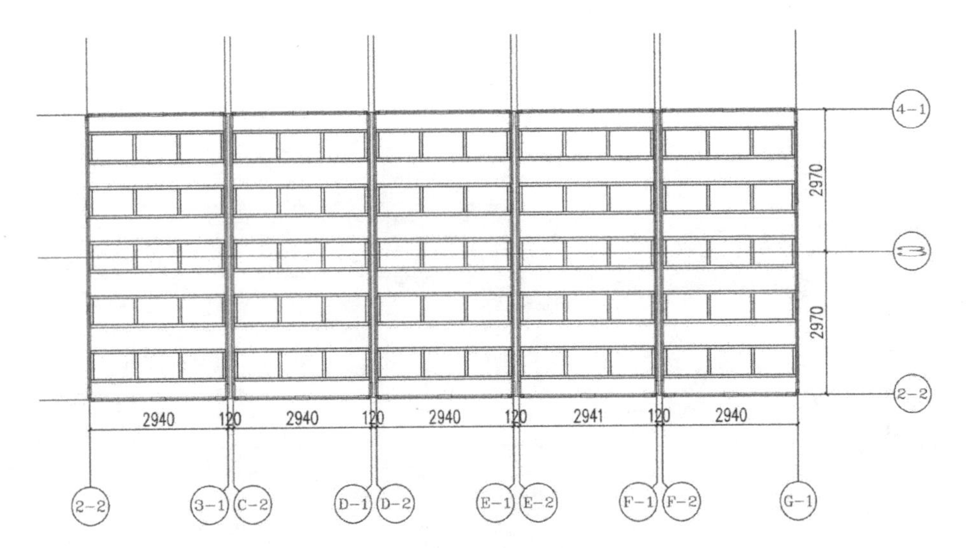

主体结构平面图

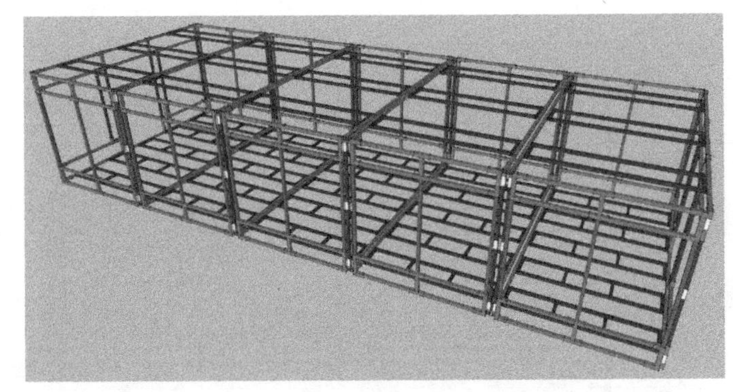

主体结构模型图

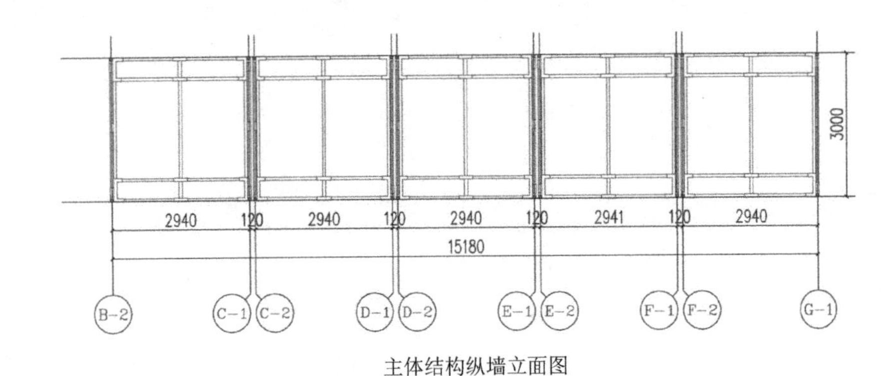

主体结构纵墙立面图

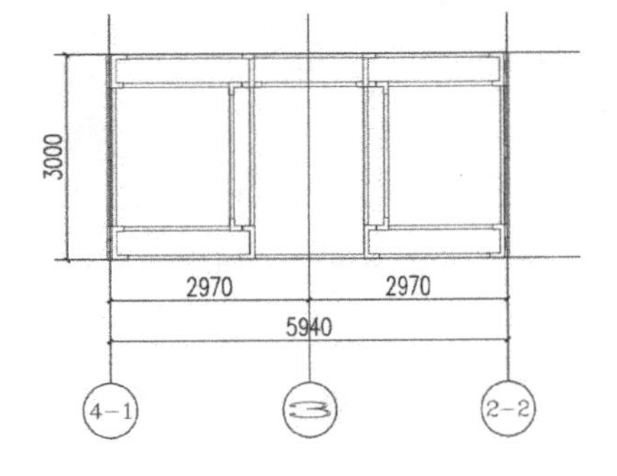

立体结构山墙立面图

图 2-25　墙体结构

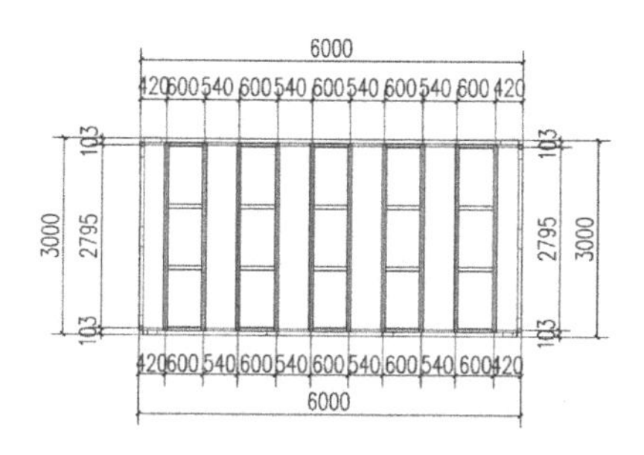

主体结构 1 底面图

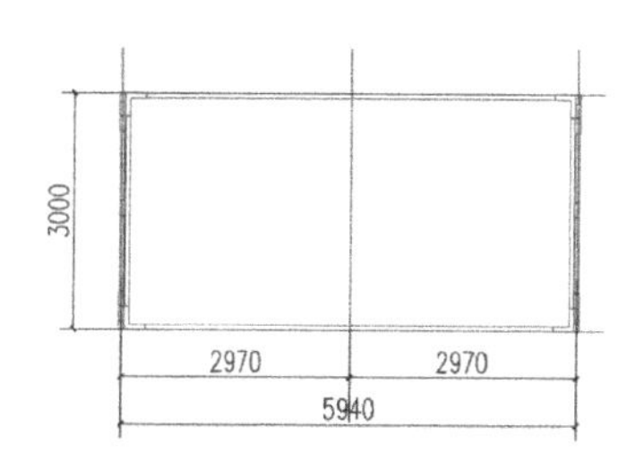

主体结构 1 立面图 1

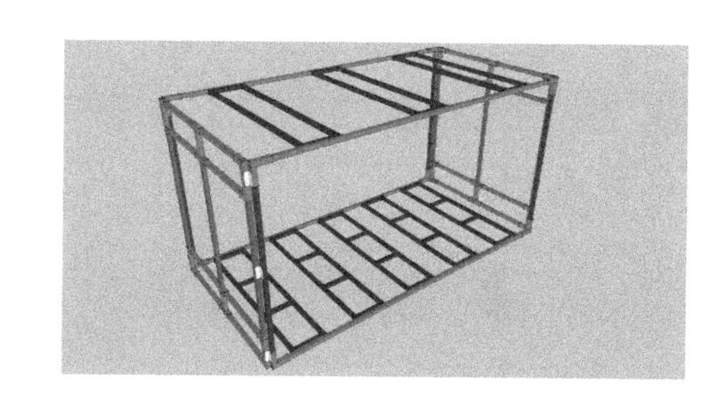

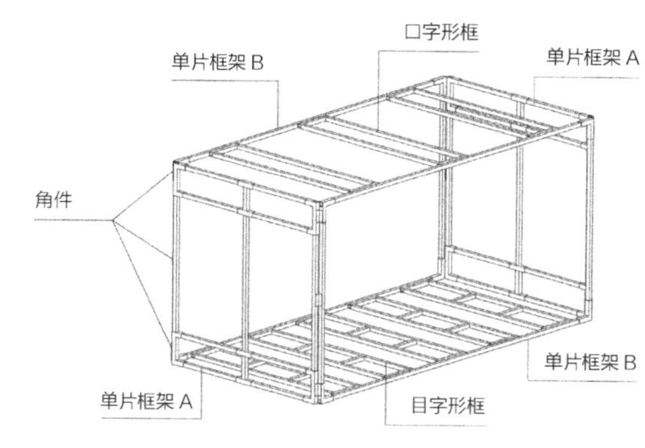

主体结构 1 模型图

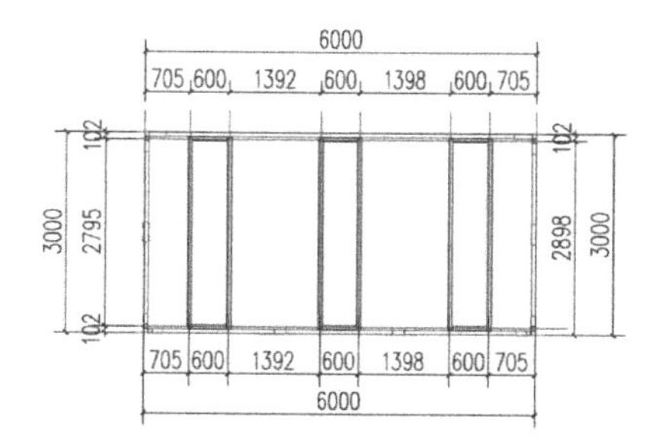

主体结构 1 顶面图

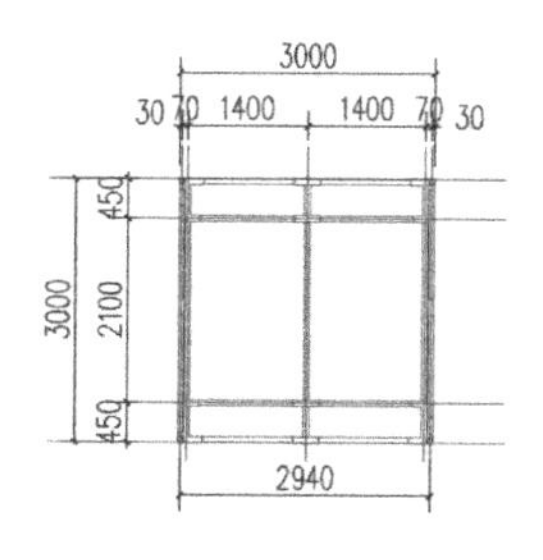

主体结构 1 立面图 2

主体结构 1（×3）	
单片框架 A	2
单片框架 B	2
角件	12
目字形框	5
口字形框	3

图 2-26 结构 1

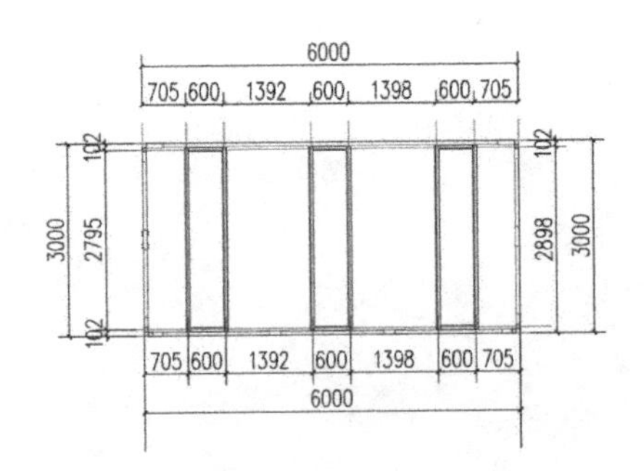

主体结构 2 顶面图

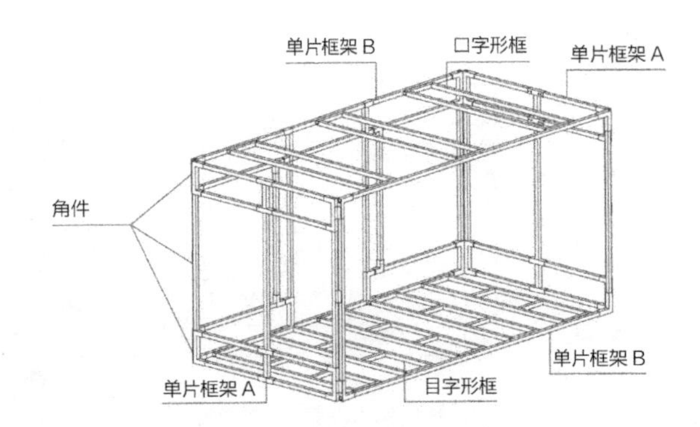

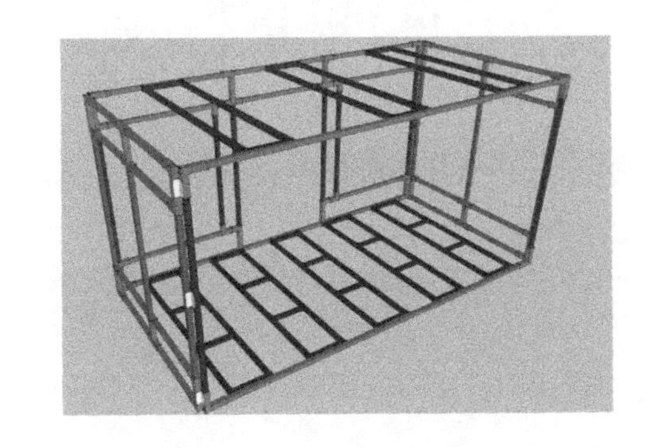

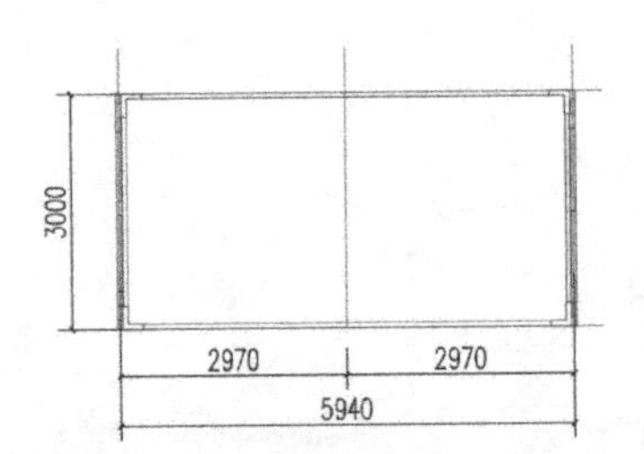

主体结构 2 立面图 1

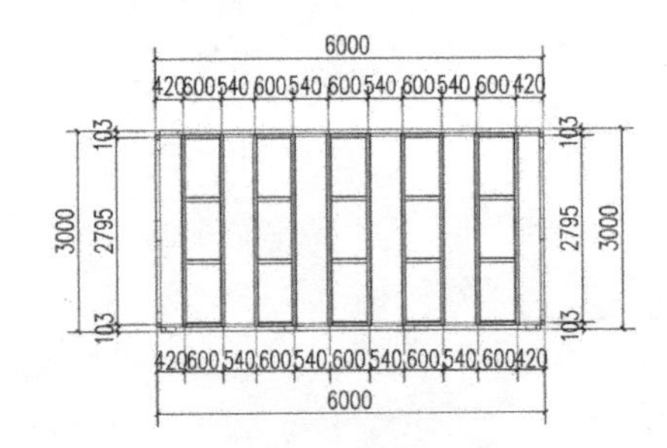

主体结构 2 底面图

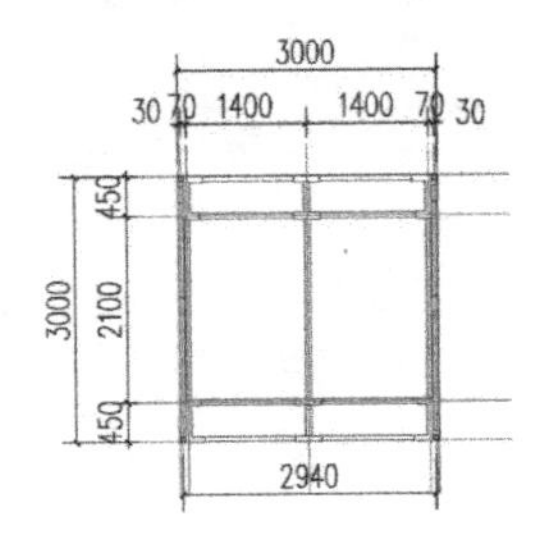

主体结构 2 立面图 2

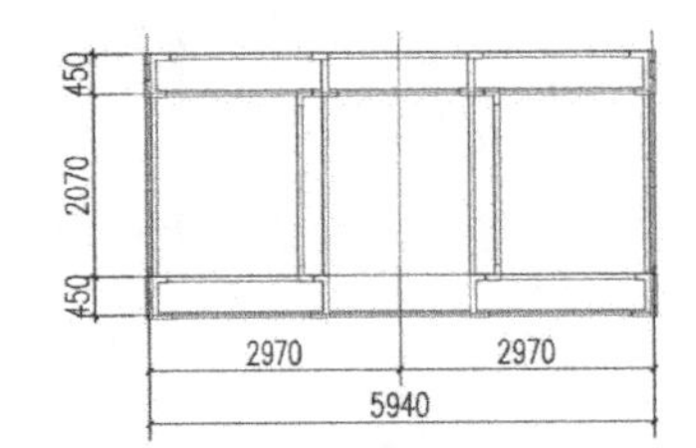

主体结构 2 立面图 3

主体结构 2（×2）	
单片框架 A	2
单片框架 B	1
单片框架 C	1
角件	12
目字形框	5
口字形框	3

图 2-27　结构 2

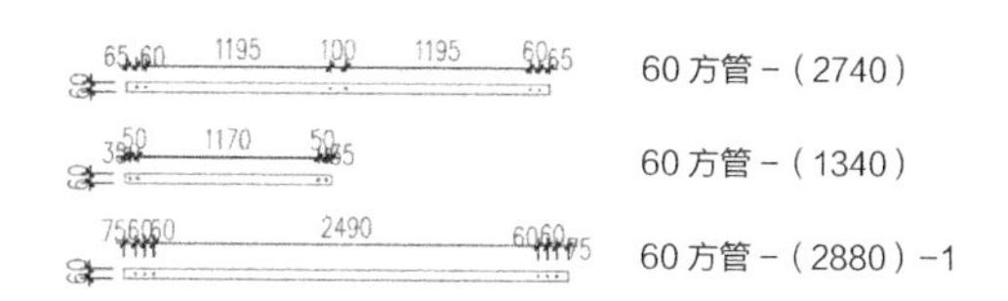

单片框架 A 方管大样图

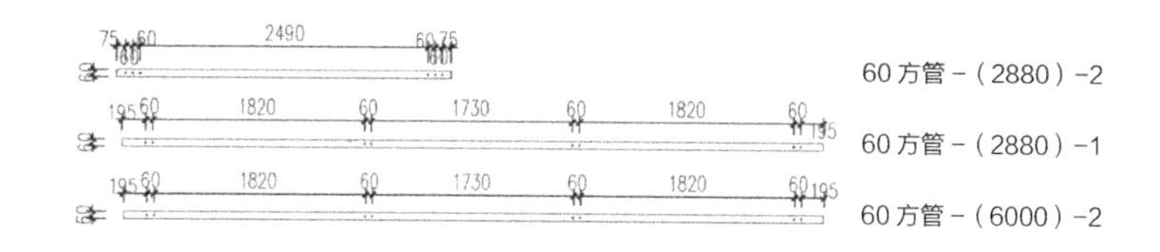

单片框架 B 方管大样图

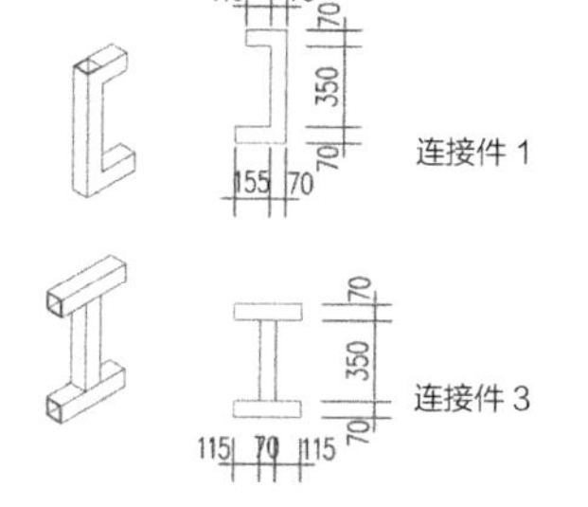

杆件连接件大样图

单片框架 A	
60 方管 -（1130）	4
60 方管 -（2880）-1	2
60 方管 -（2740）	2
连接件 1	4
连接件 2	2

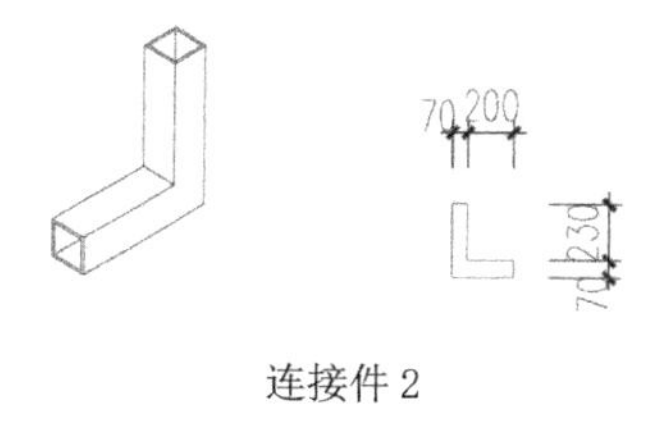

连接件 2

单片框架 B	
60 方管 -（2880）-2	2
60 方管 -（6000）-1	1
60 方管 -（6000）-2	1
连接件 2	4

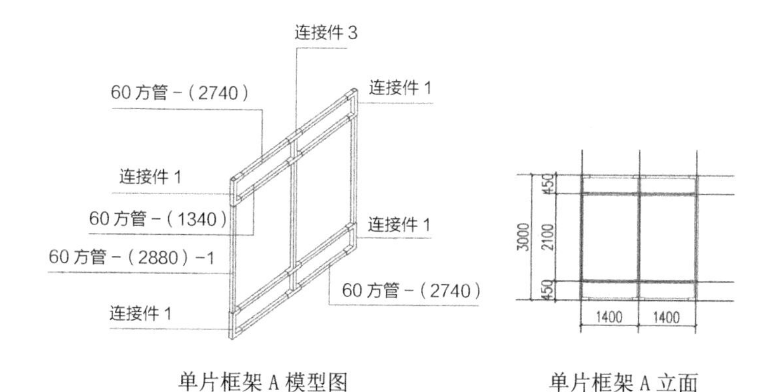

单片框架 A 模型图　　单片框架 A 立面

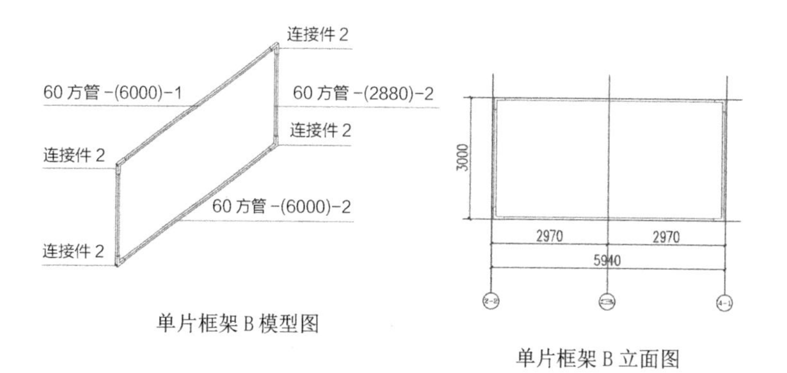

单片框架 B 模型图　　单片框架 B 立面图

图 2-28　单片框架 A 构件

图 2-29　单片框架 B 构件

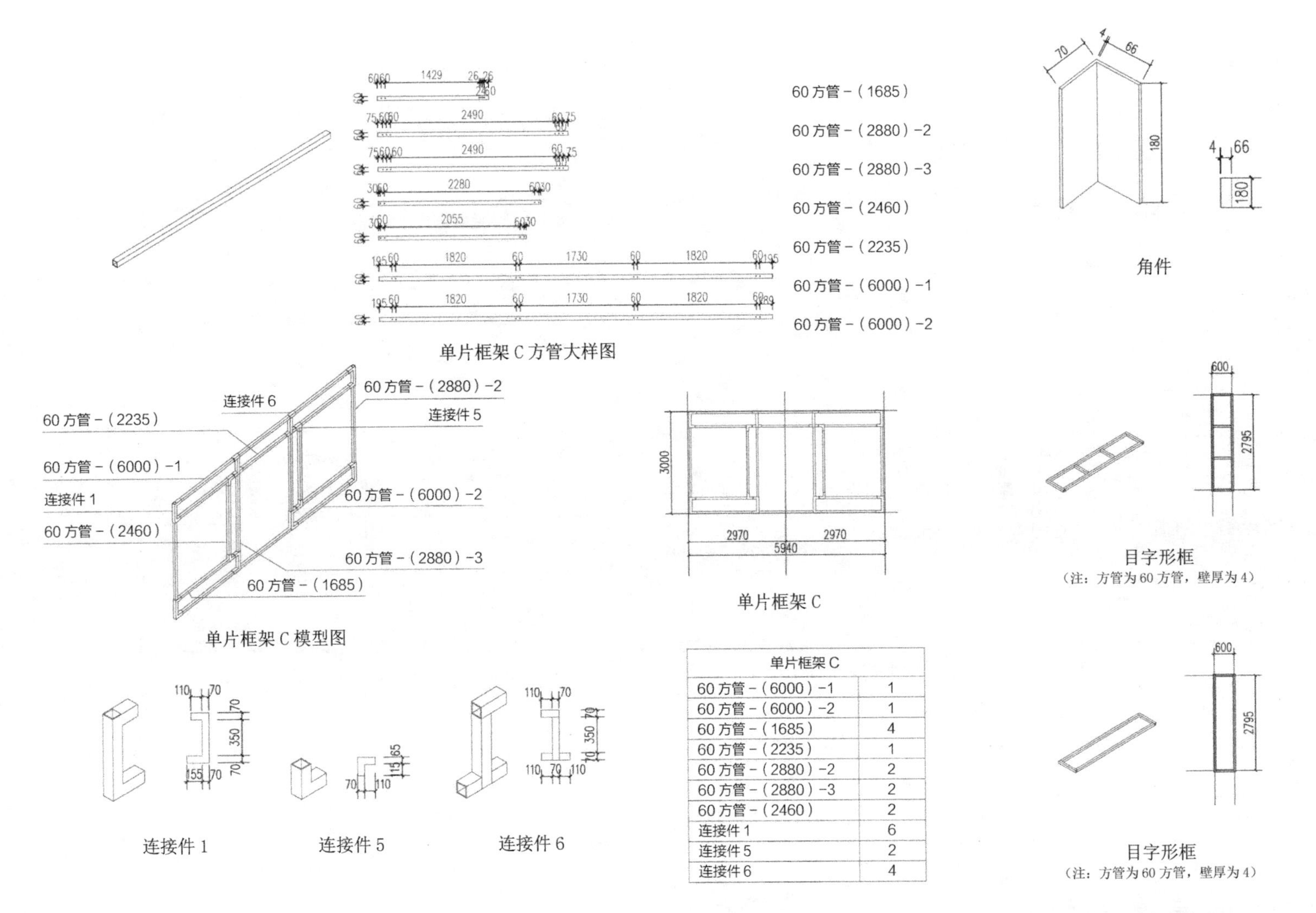

单片框架 C	
60 方管 -（6000）-1	1
60 方管 -（6000）-2	1
60 方管 -（1685）	4
60 方管 -（2235）	1
60 方管 -（2880）-2	2
60 方管 -（2880）-3	2
60 方管 -（2460）	2
连接件 1	6
连接件 5	2
连接件 6	4

图 2-30　单片框架 C 构件

图 2-31　底部框架

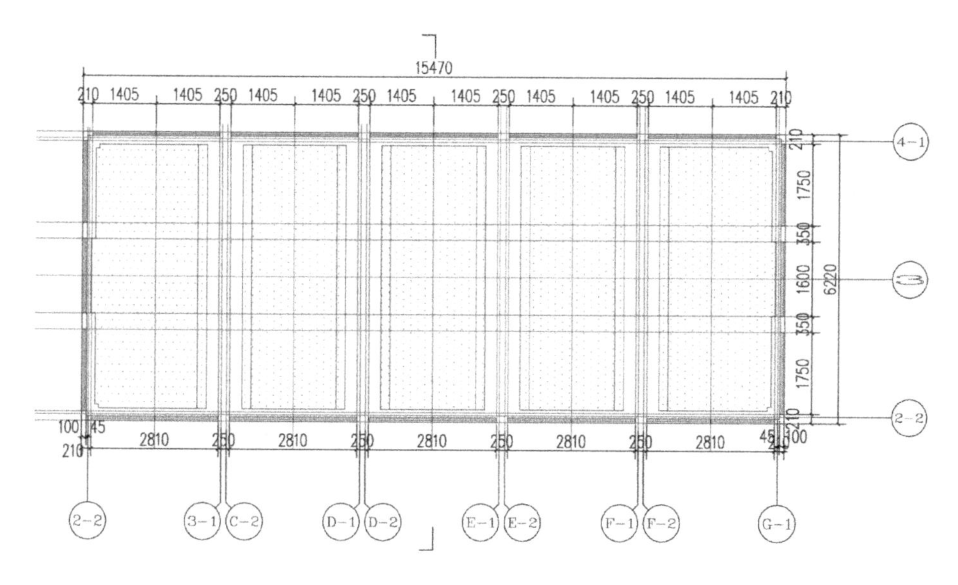

主体围护平面图

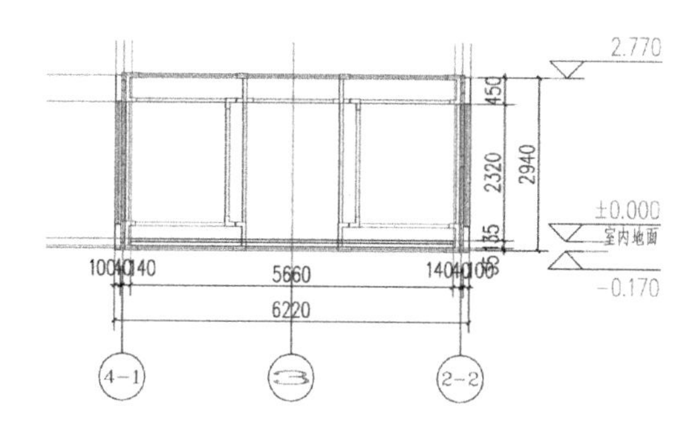

主体围护剖面图

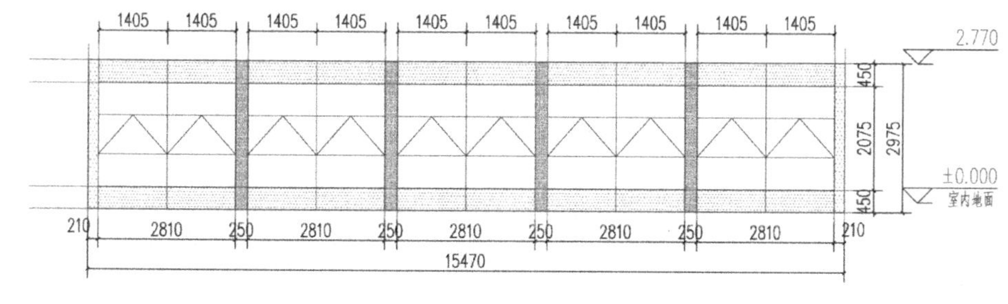

主体围护纵墙立面图

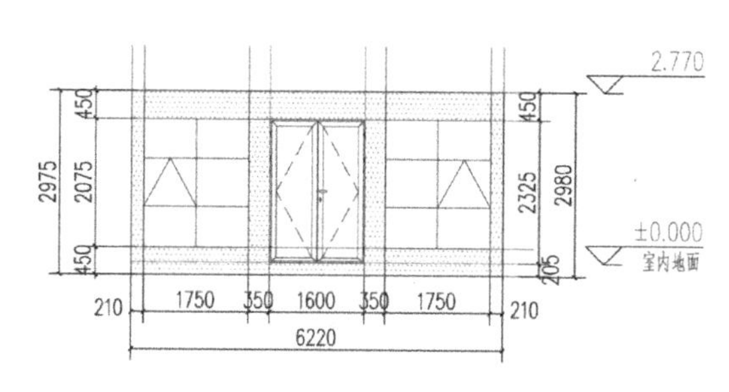

主体围护山墙立面图

图 2-32 墙体围护

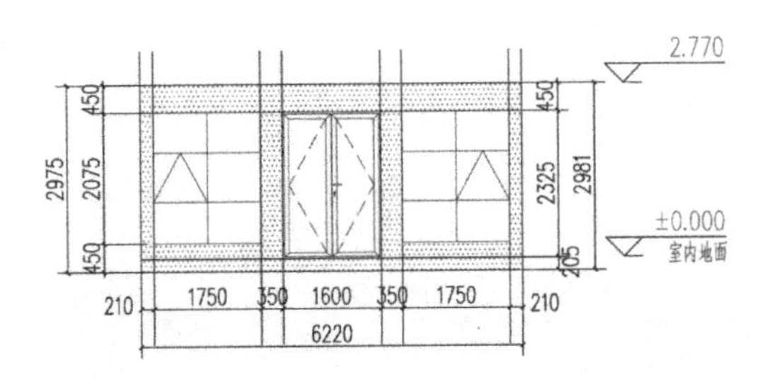

主体围护剖面图

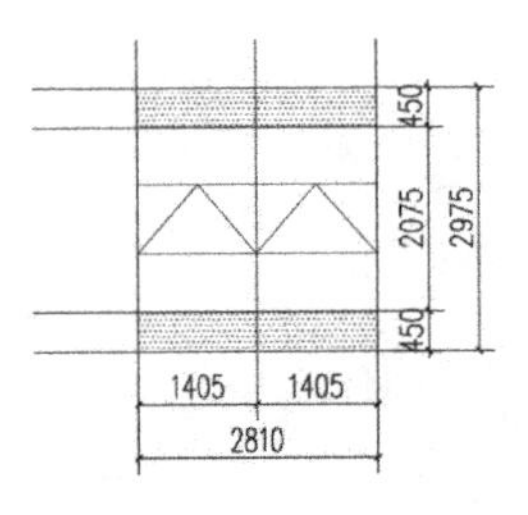

纵墙面立面图

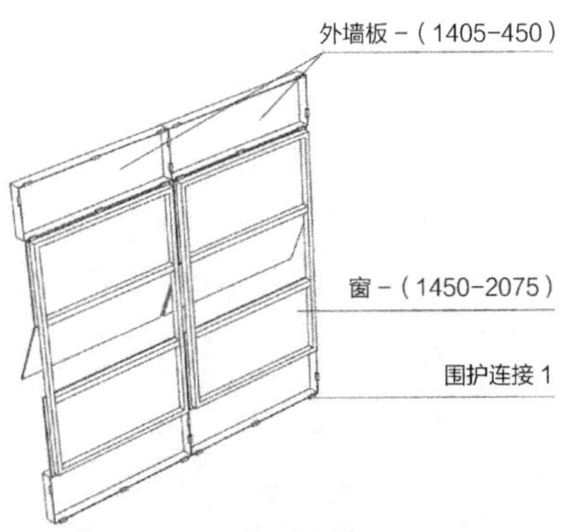

窗户模型图

山墙面（×2）	
外墙板 -（1405-450）	4
窗 -（2075-1405）	2
围护连接件 1	32

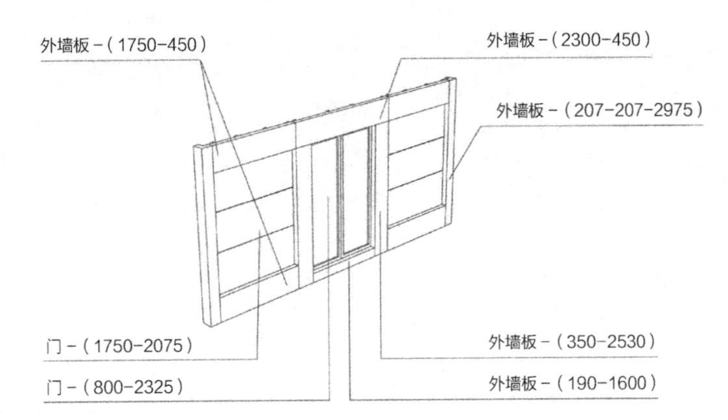

外墙板模型图

山墙面（×2）	
外墙板 -（1750-450）	4
外墙板 -（2300-450）	2
外墙板 -（207-207-2975）	2
外墙板 -（350-2530）	2
外墙板 -（190-1600）	1
门 -（800-2325）	2
窗 -（1750-2075）	2
围护连接件 1	100

图 2-33　山墙面

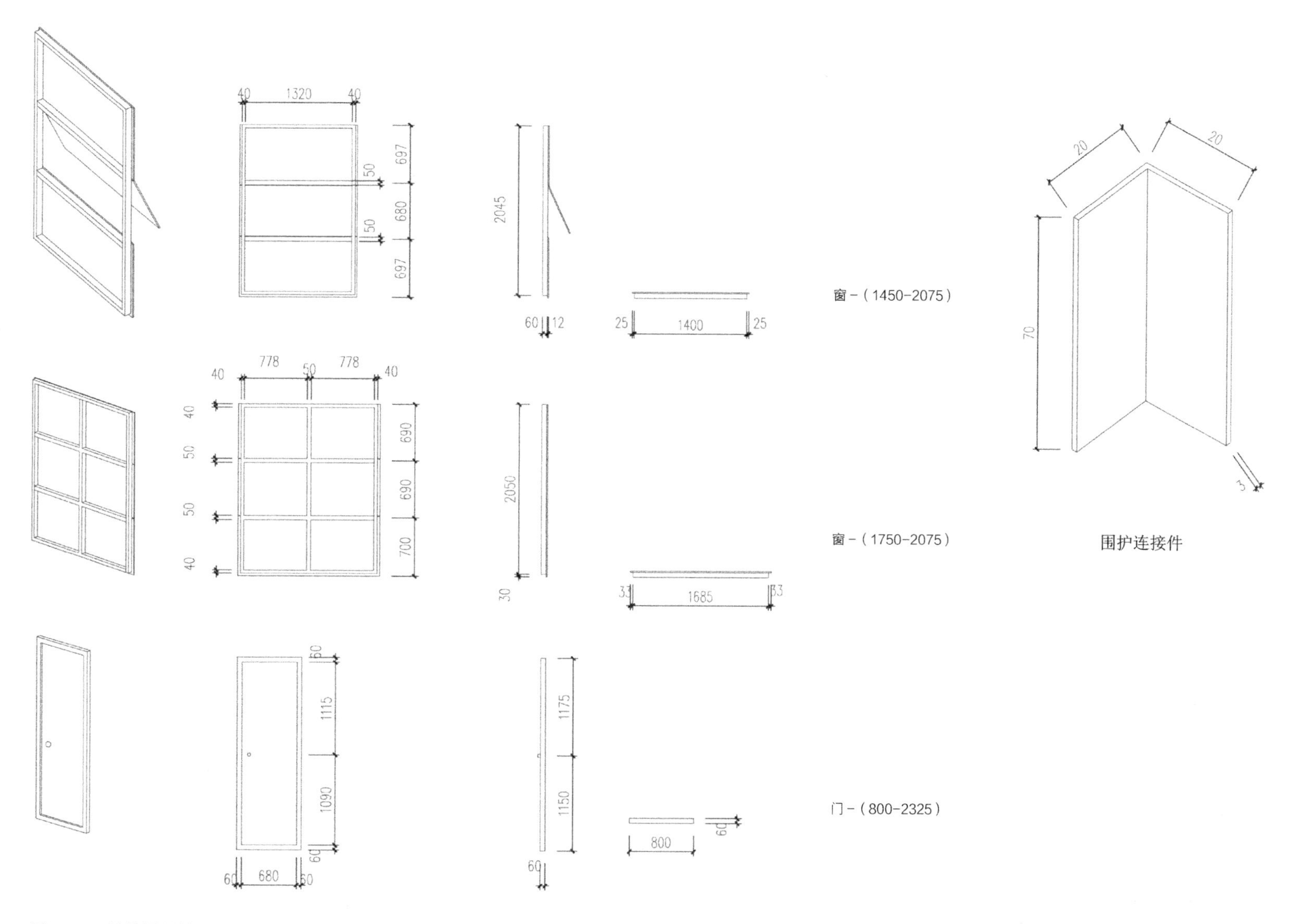
40
1320
40
697
50
680
50
697
2045
60
12
25
1400
25
窗 -（1450-2075）
20
20
70
3
778
50
778
40
40
40
50
50
40
690
690
700
2050
30
33
1685
33
窗 -（1750-2075）
围护连接件
60
1115
1090
60
60
680
60
1175
1150
60
800
60
门 -（800-2325）

图 2-34　墙体围护构件

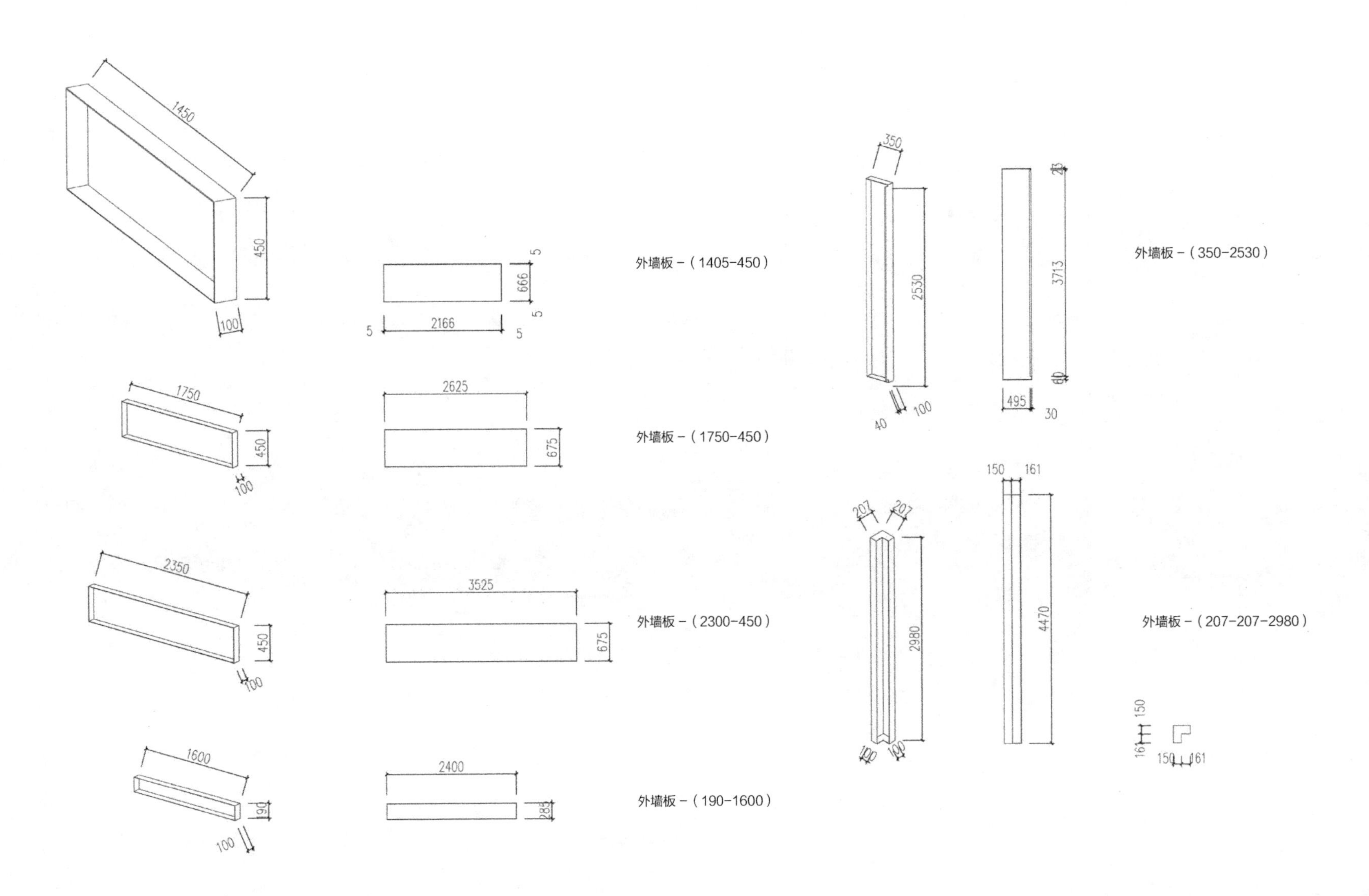

图 2-35　外墙板

（注：标注尺寸为构件轮廓尺寸，铝板厚度为 3）

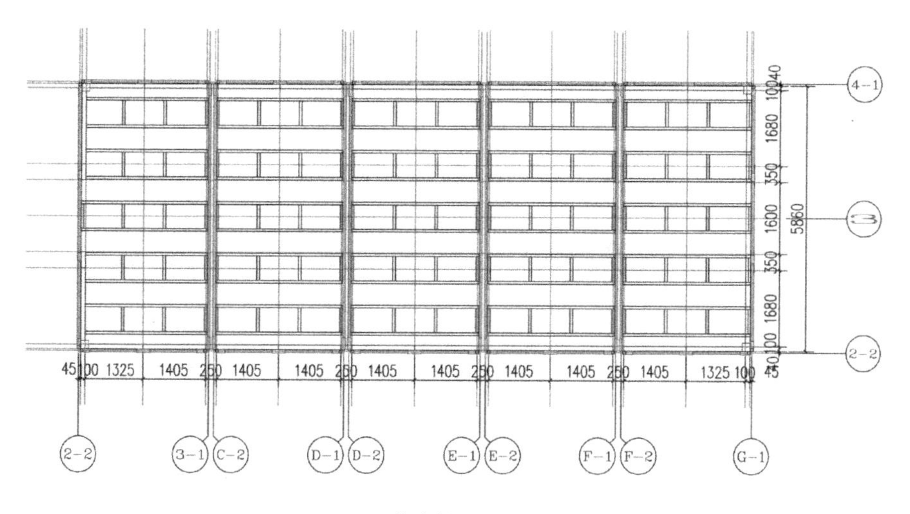

主体内装平面图 1

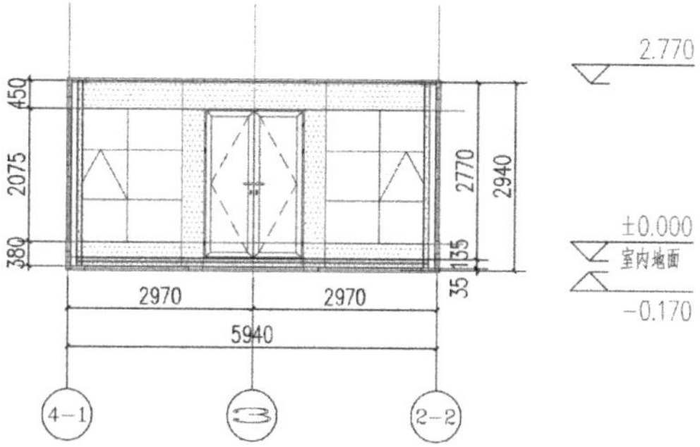

主体内装平面图 2

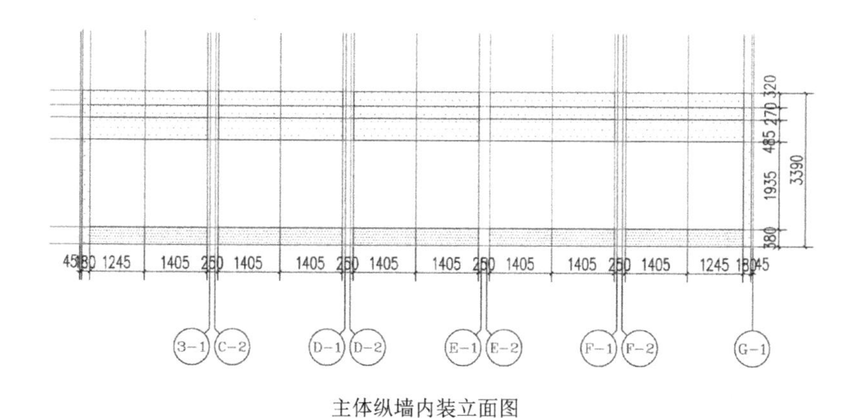

主体纵墙内装立面图

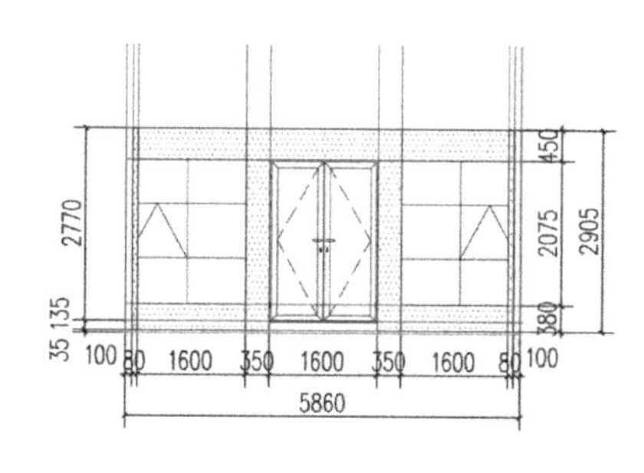

主体横墙内装立面图

图 2-36　墙体内装体 1

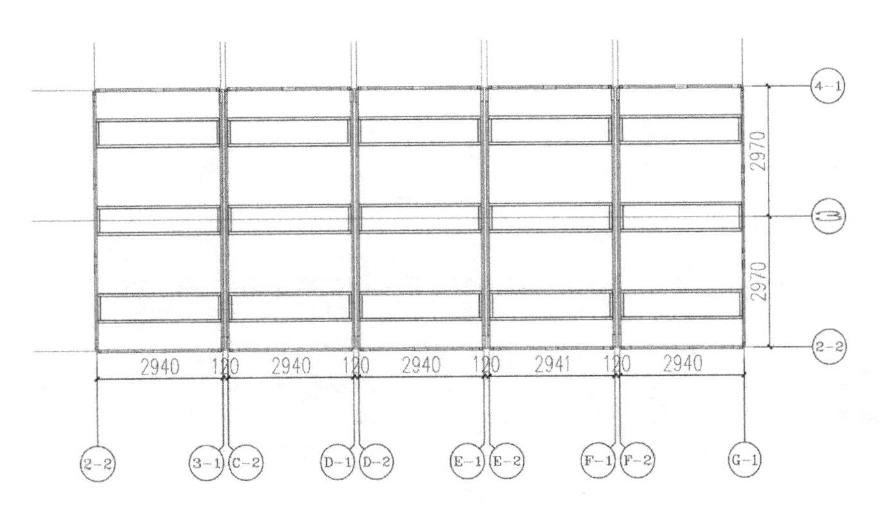

主体吊顶底视图

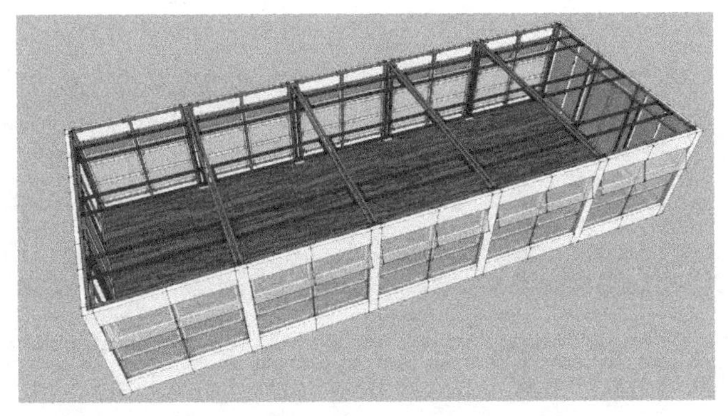

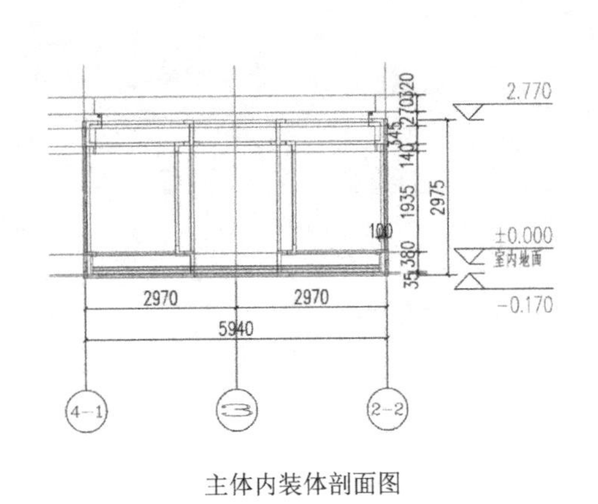

主体内装体剖面图

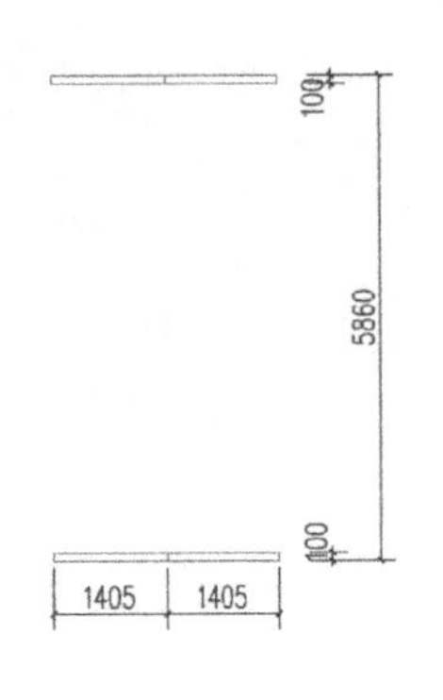

主体内装 1 平面图

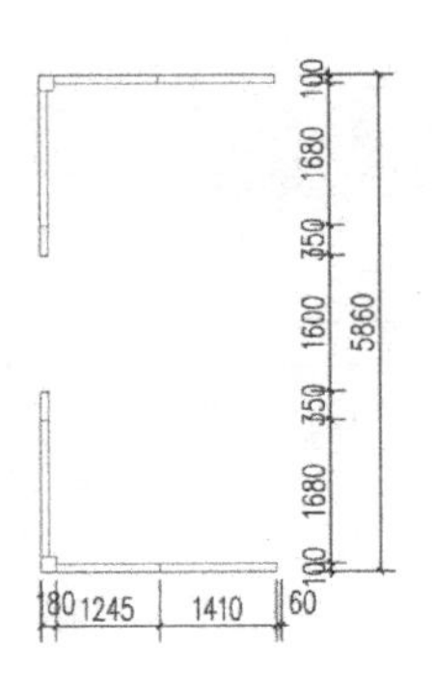

主体内装 2 平面图

图 2-37　墙体内装体 2

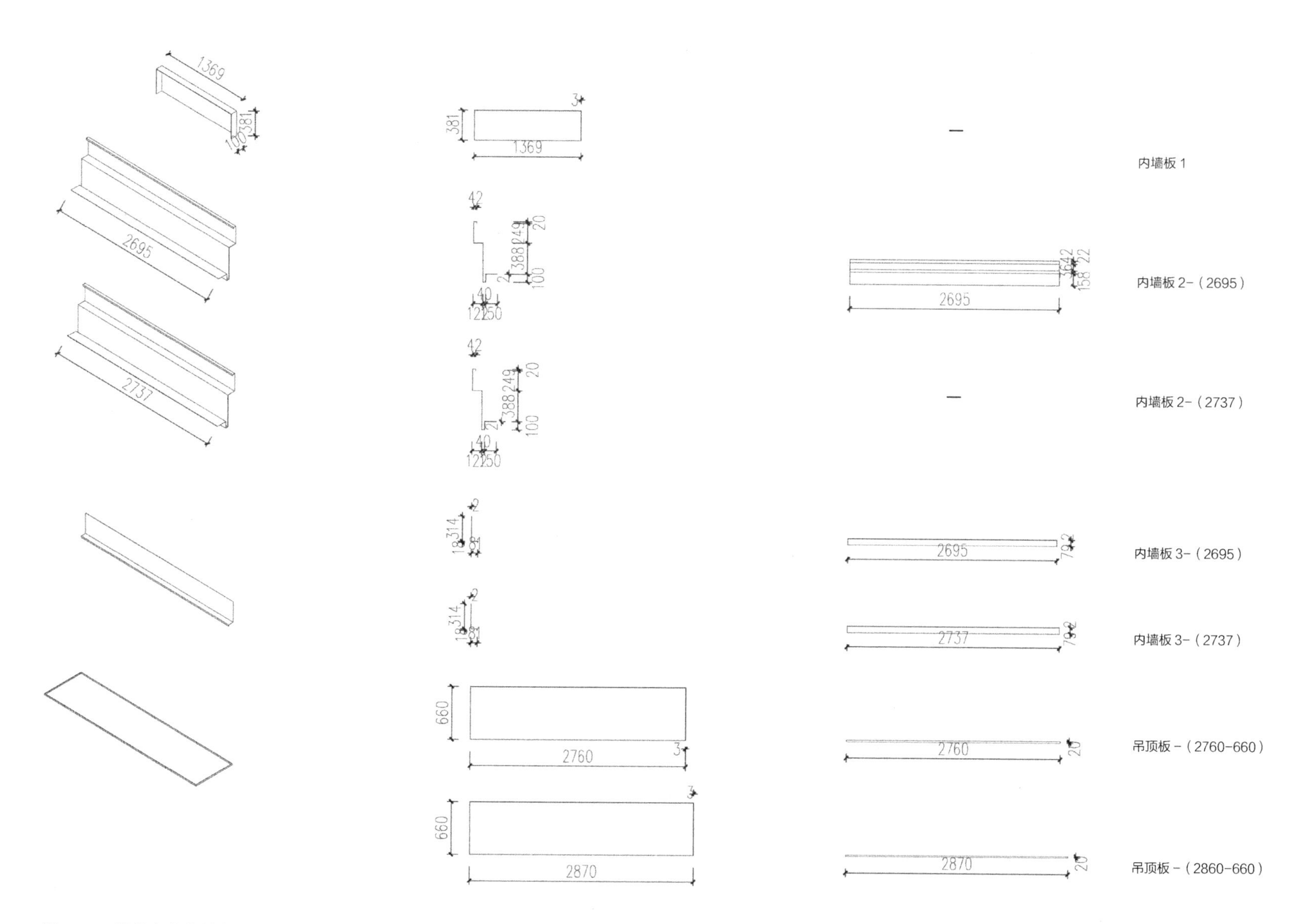

图 2-38　墙体内装体构件 1

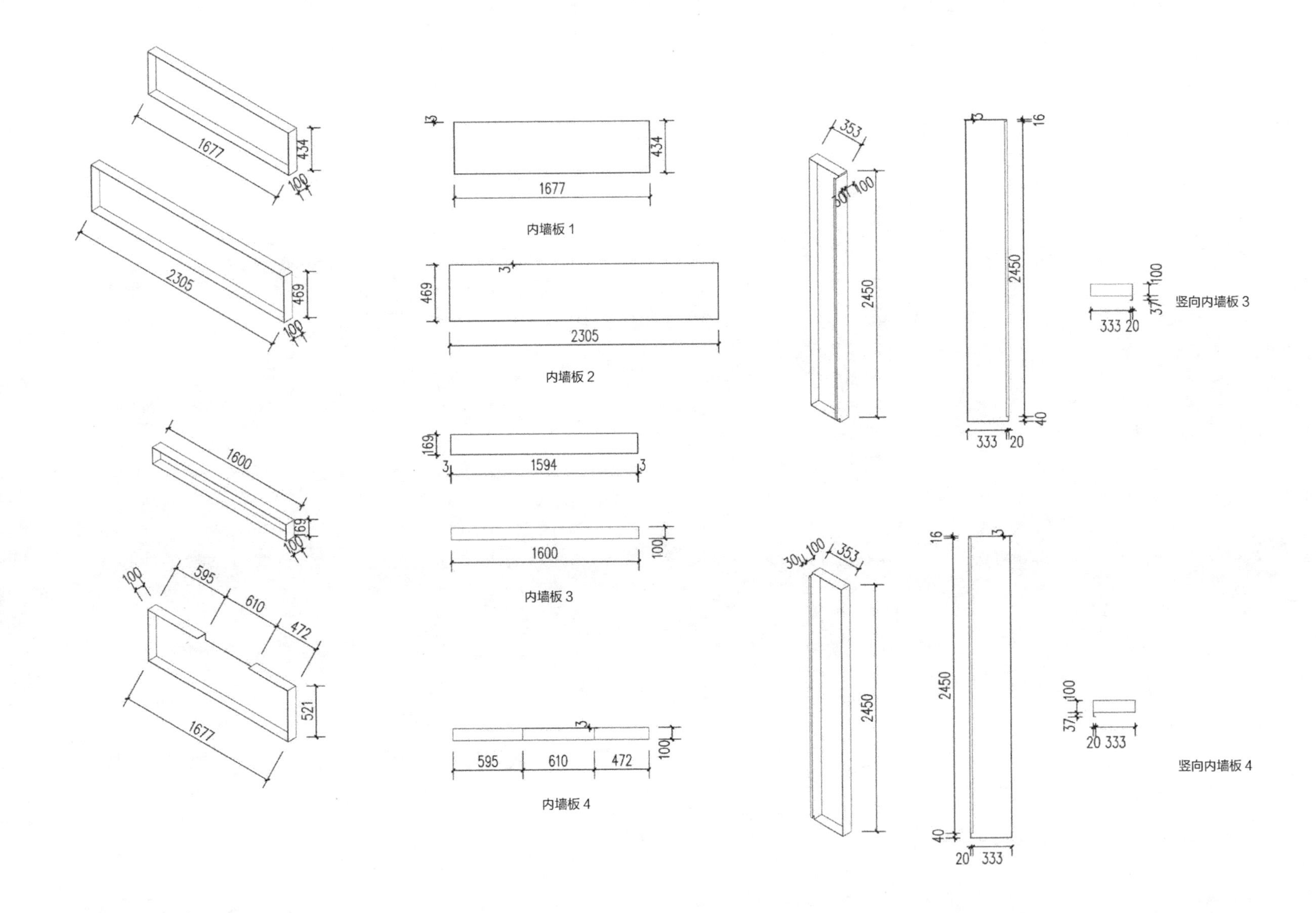

图 2-39 墙体内装体构件 2

2.2.3 屋顶

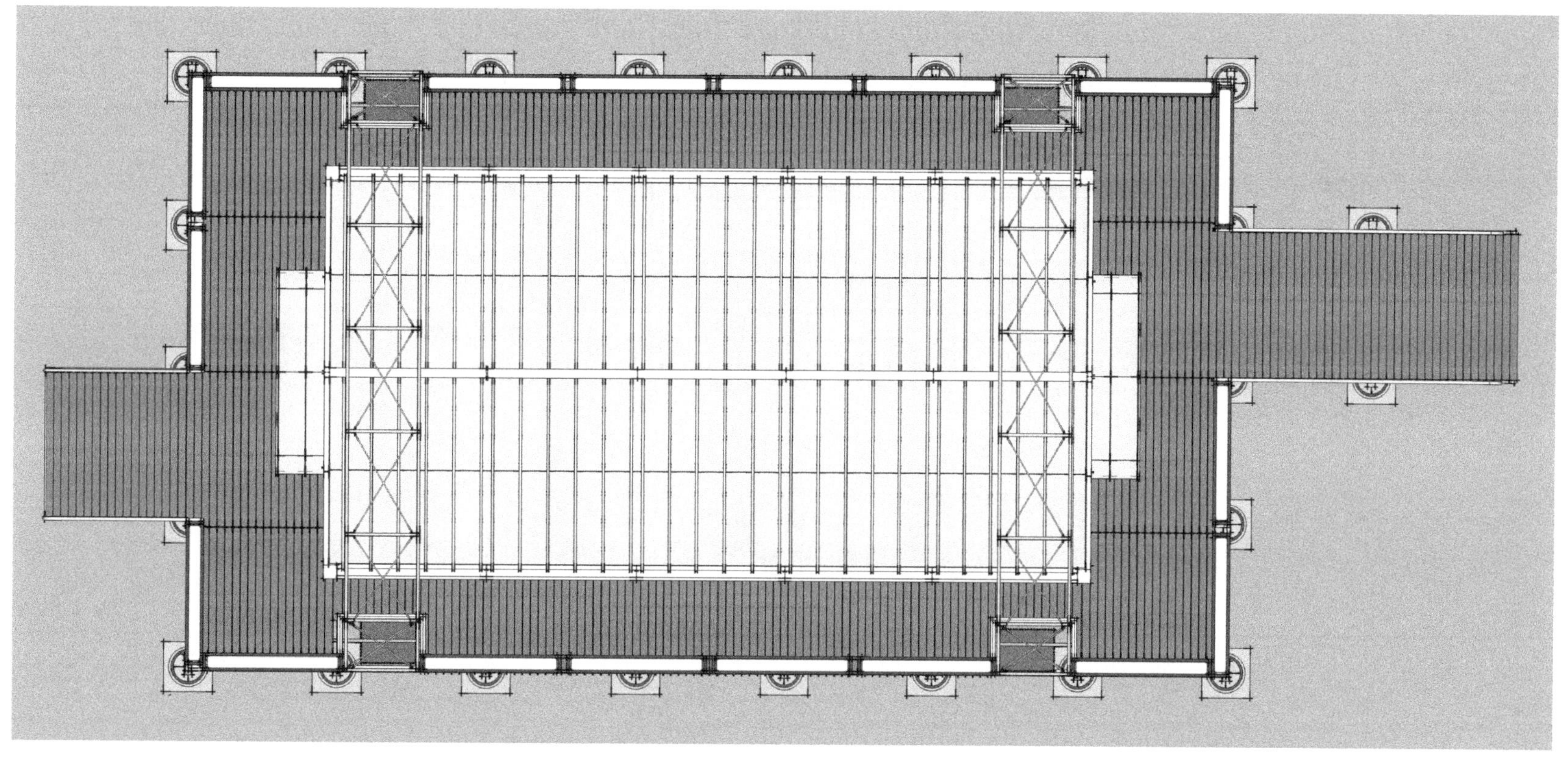

图 2-40　平面模型

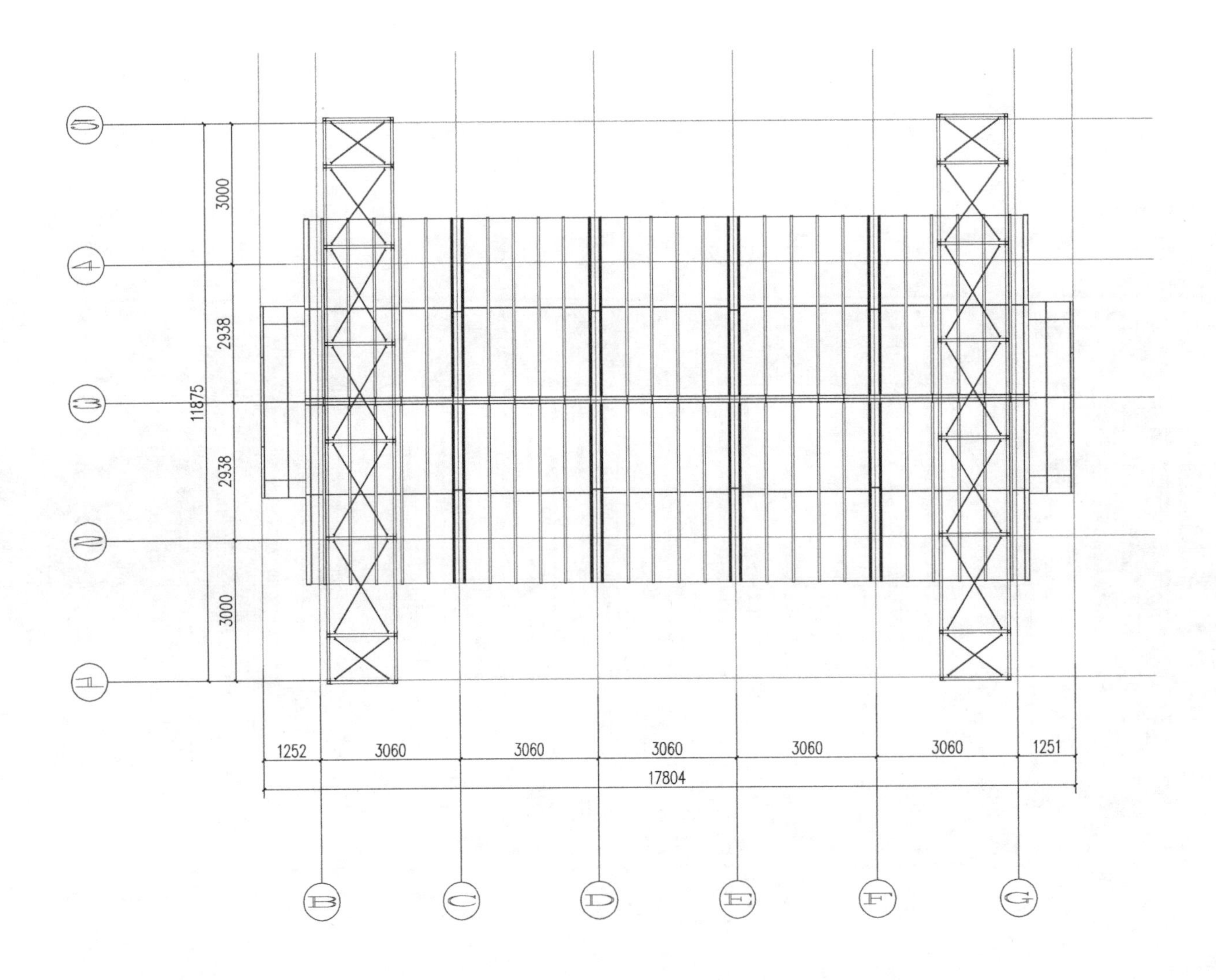

3000
2938
11875
2938
3000
1252
3060
3060
3060
3060
3060
1251
17804
B
C
D
E
F
G

图 2-41　屋顶平面图

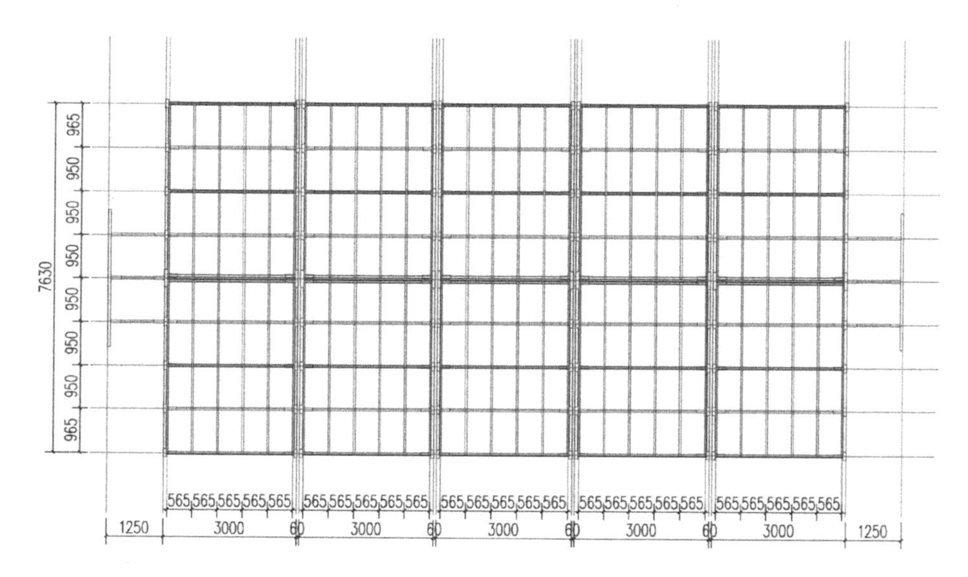

屋顶结构体平面图

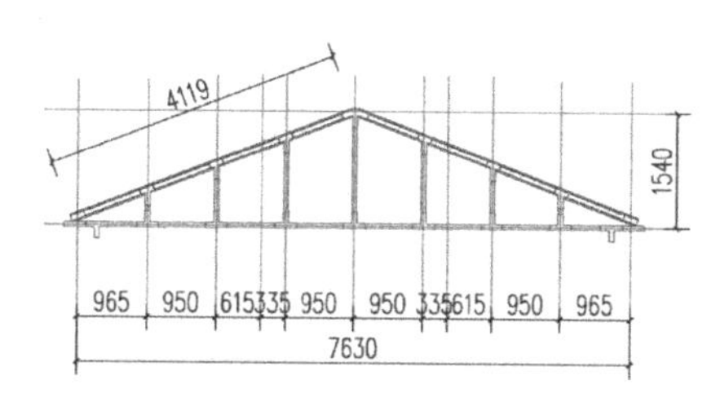

屋顶结构体山墙立面图

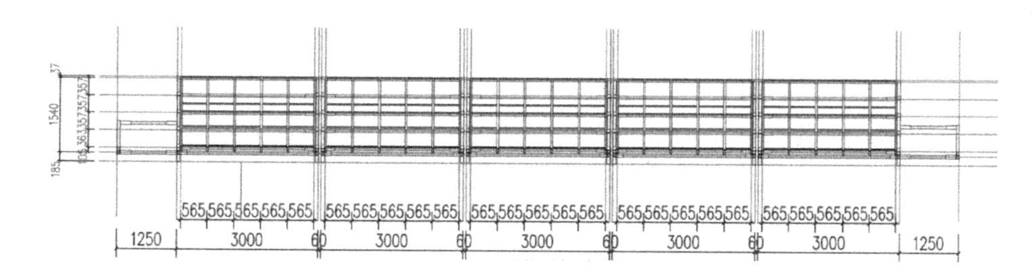

屋顶结构体坡面立面图

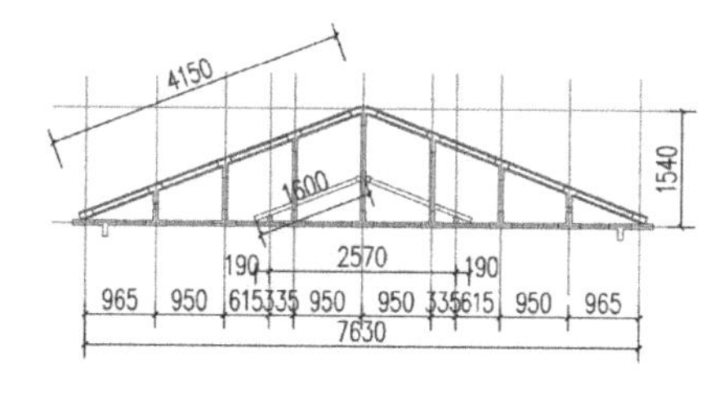

屋顶结构体山墙剖面图

图 2-42　屋顶结构体

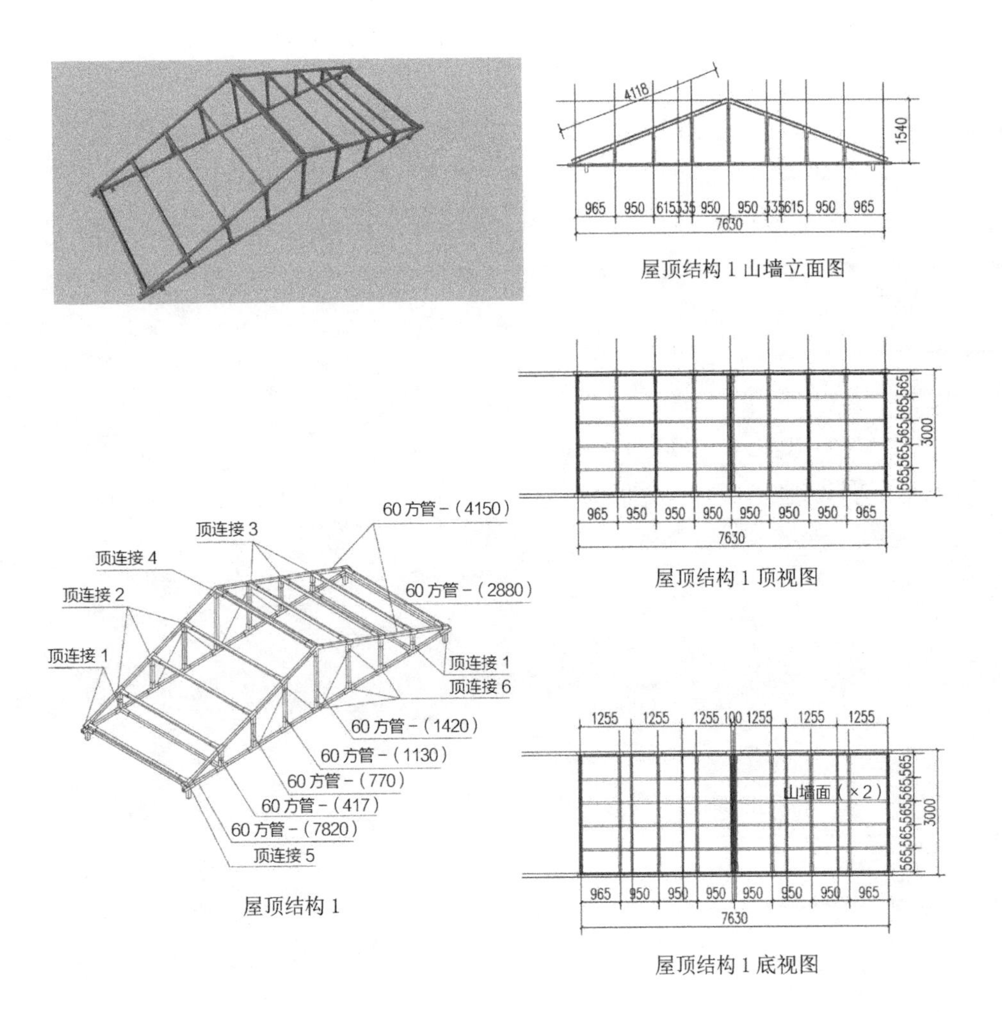

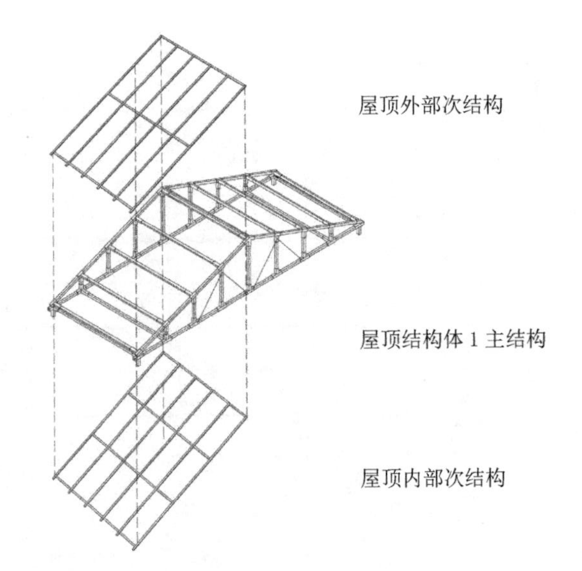

屋顶结构 1 主结构（×3）	
60 方管 -（2880）	16
60 方管 -（4150）	4
60 方管 -（7820）	2
60 方管 -（1420）	2
60 方管 -（1130）	4
60 方管 -（770）	4
60 方管 -（417）	4
60-20 方管 -（4150）	24
60-20 方管 -（525）	70
斜拉	8
顶连接 1	8
顶连接 2	6
顶连接 3	6
顶连接 4	2
顶连接 5	4
顶连接 6	10

图 2-43　屋顶结构体 1

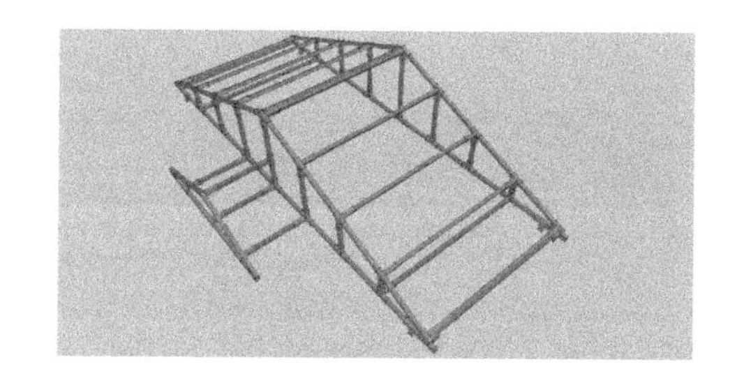

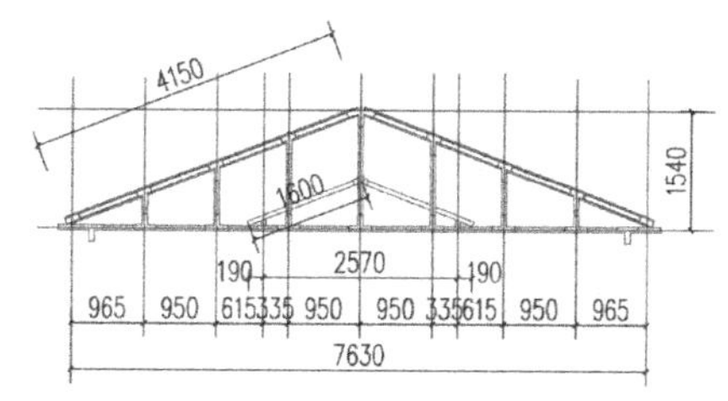

屋顶结构 2 山墙立面图

屋顶外部次结构

屋顶结构 2 主结构

60 方管 -（90）

60 方管 -（1820）

60 方管 -（2220）

60 方管 -（1180）

屋顶内部次结构

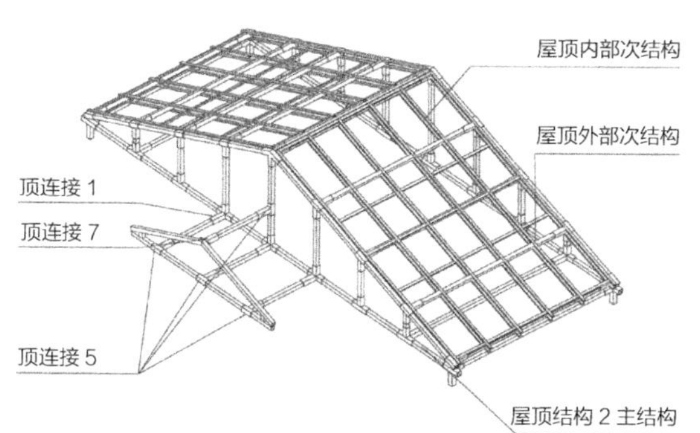

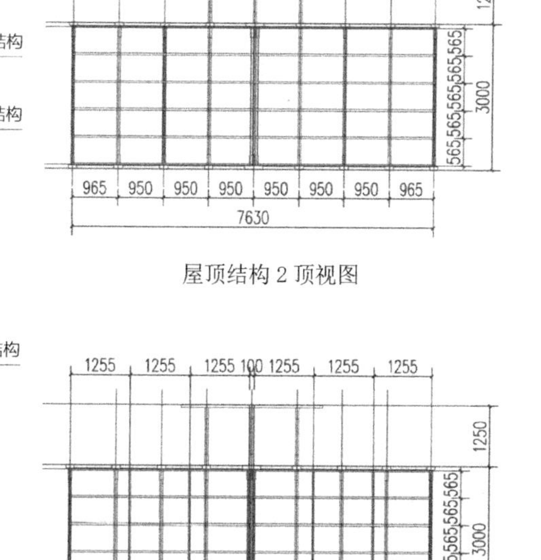

屋顶结构 2 顶视图

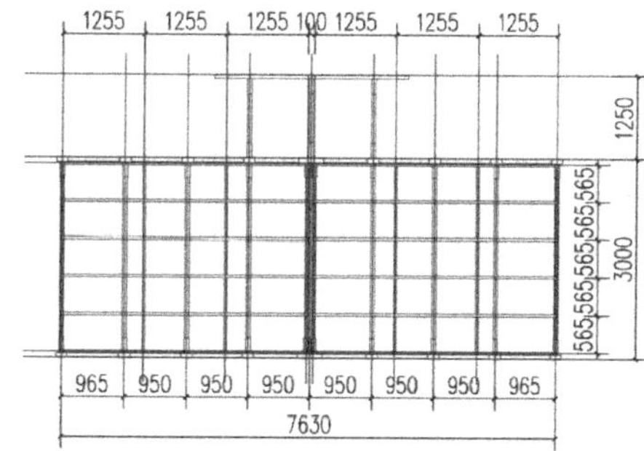

屋顶结构 2 底视图

屋顶结构 1 主结构（×2）	
60 方管 -（1180）	5
60 方管 -（1820）	2
60 方管 -（90）	2
60 方管 -（2220）	1
顶连接 1	7
顶连接 2	6
顶连接 3	6
顶连接 4	2
顶连接 5	15
顶连接 7	1
顶连接 8	1

屋顶结构 2 主结构（×3）	
60 方管 -（2880）	5
60 方管 -（4150）	2
60 方管 -（7820）	2
60 方管 -（1420）	1
60 方管 -（1130）	1
60 方管 -（770）	1
60 方管 -（417）	1
60-20 方管 -（4150）	1
60-20 方管 -（525）	1
斜拉	7
顶连接 1	7
顶连接 2	6
顶连接 3	6
顶连接 4	2
顶连接 5	15
顶连接 6	1

图 2-44　屋顶结构体 2

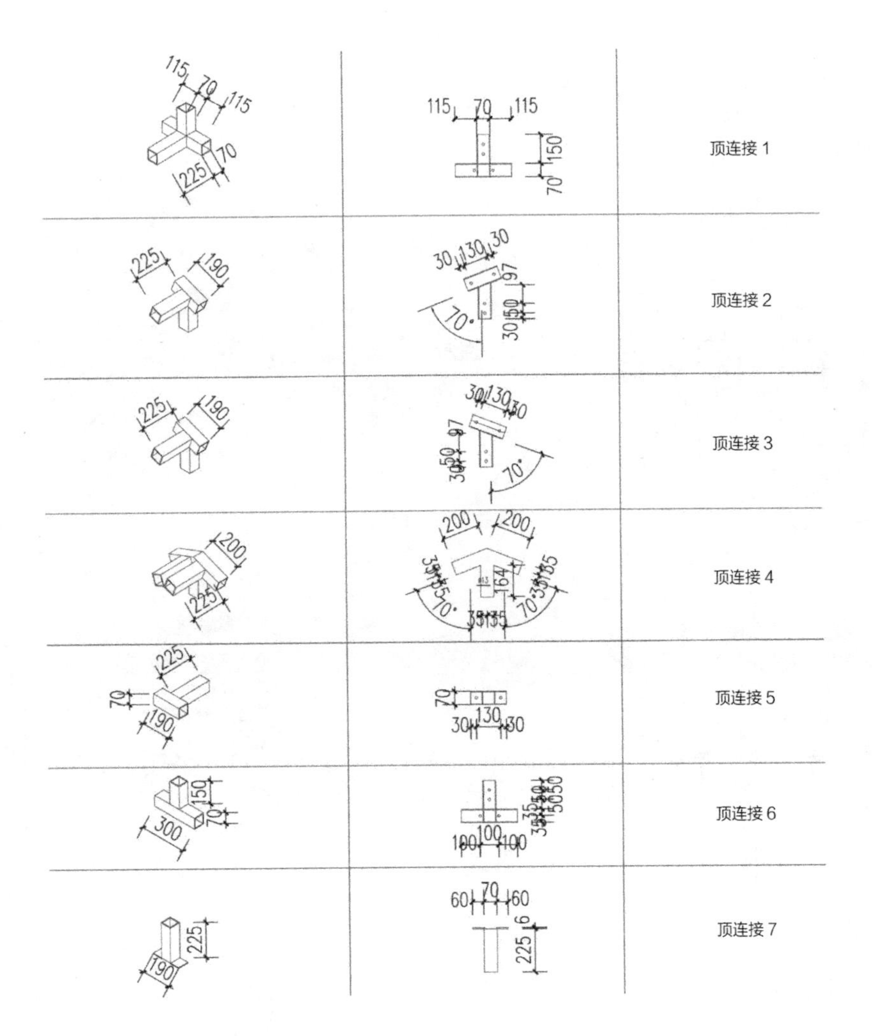

图 2-45　屋顶连接构件

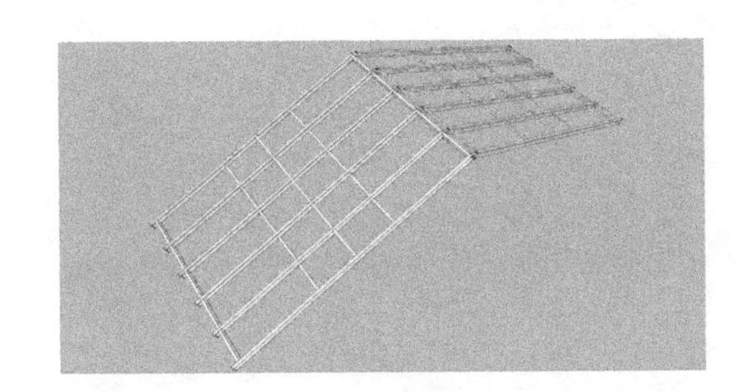

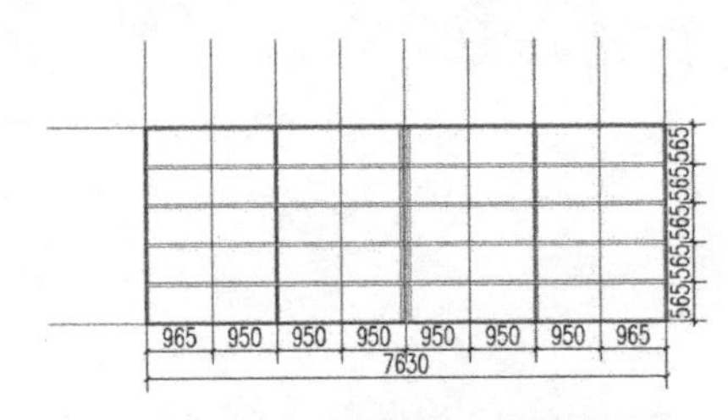

注：采用壁厚 4、截面 20 × 40 的钢管

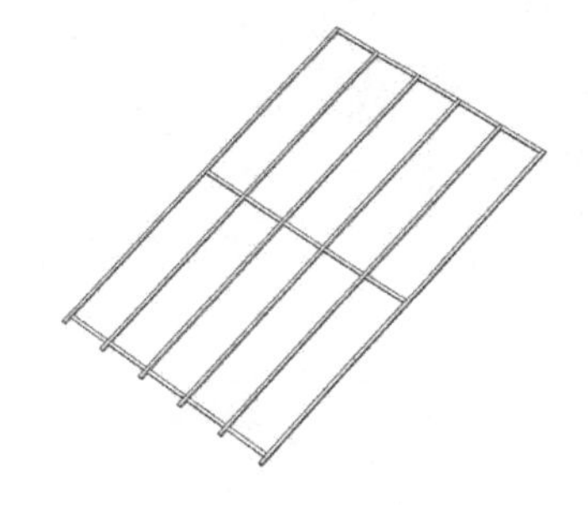

图 2-46　屋顶结构外部次构件

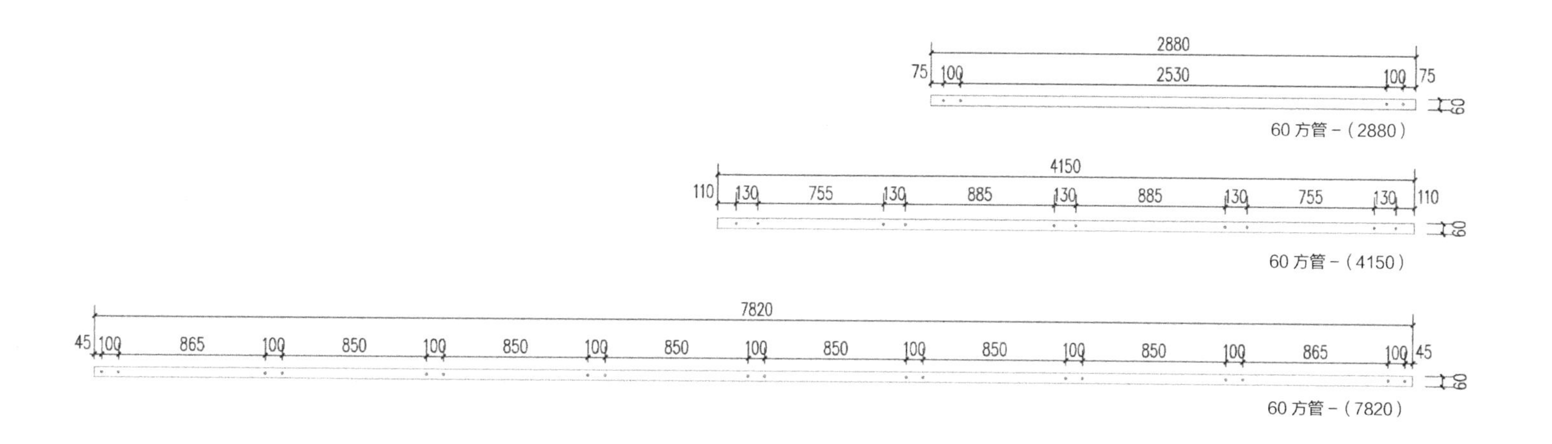

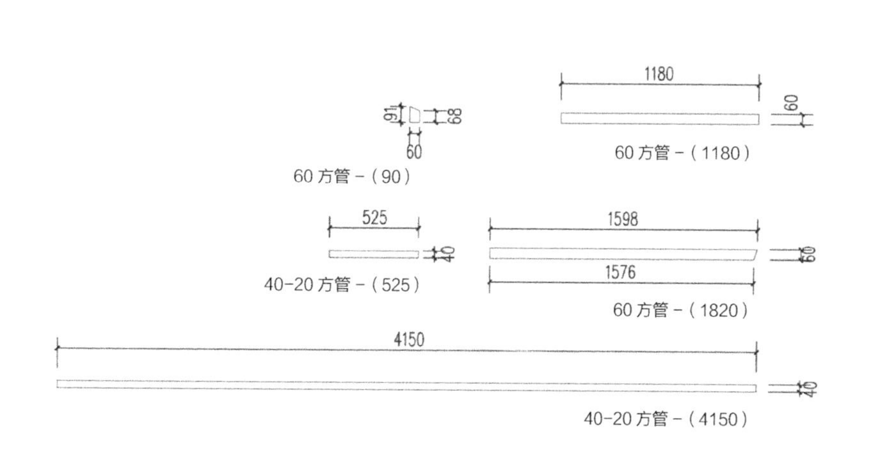

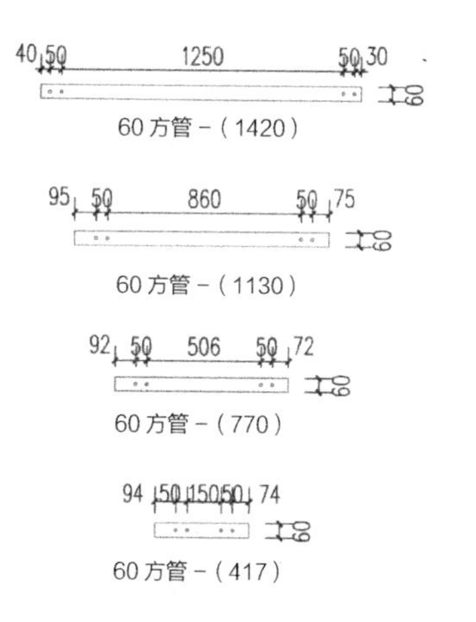

屋顶结构 2 主结构构件	
60 方管 - (2880)	14
60 方管 - (4150)	4
60 方管 - (7820)	2
60 方管 - (1420)	2
60 方管 - (1130)	4
60 方管 - (770)	4
60 方管 - (417)	4
60-20 方管 - (4150)	24
60-20 方管 - (525)	70
60 方管 - (1180)	4
60 方管 - (1820)	4
60 方管 - (90)	24
60 方管 - (2200)	70
斜拉	8

图 2-47　屋顶结构杆件

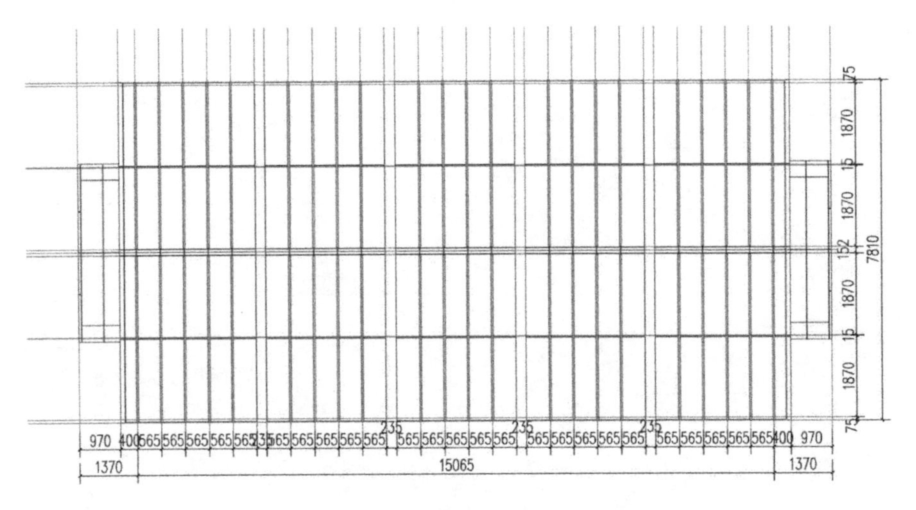

屋顶围护平面图

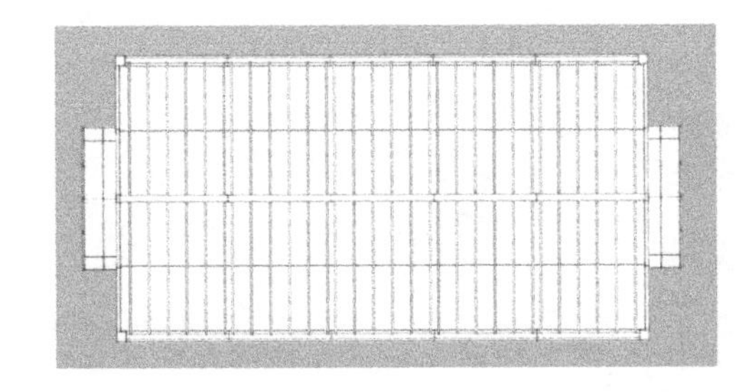

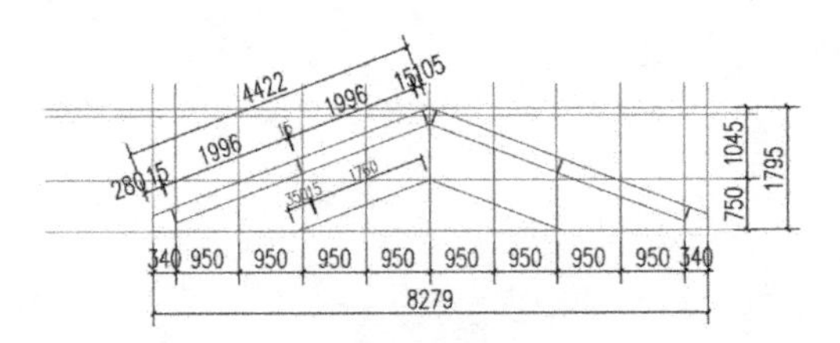

屋顶围护山墙立面图

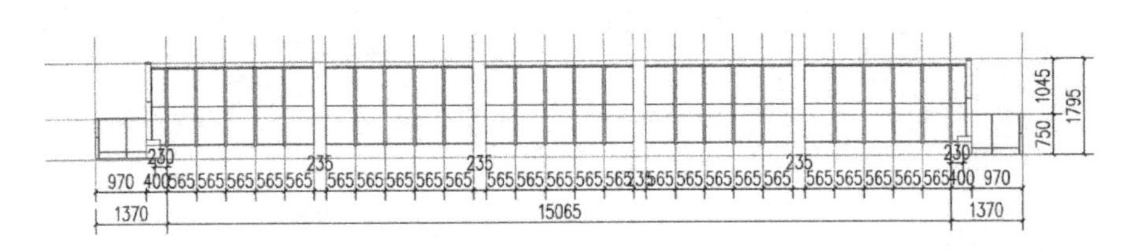

屋顶围护坡面立面图

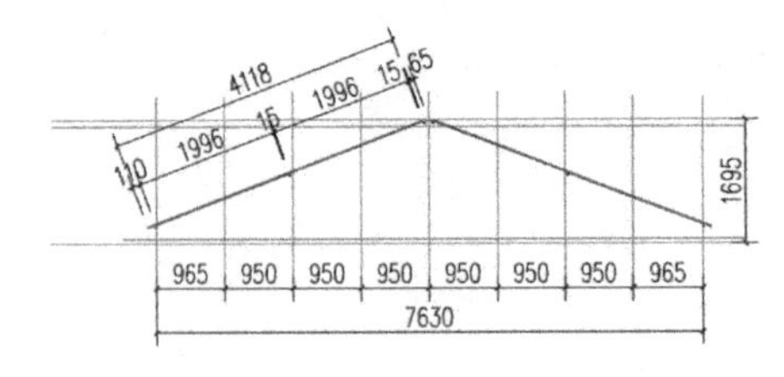

屋顶围护山墙剖面图

图 2-48　屋顶围护

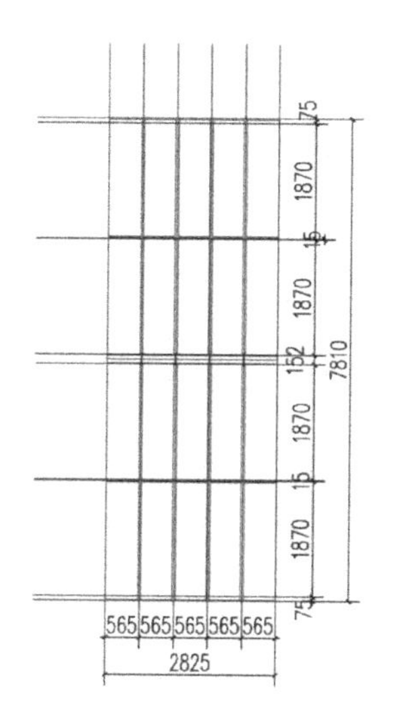

屋顶围护 1 展开图

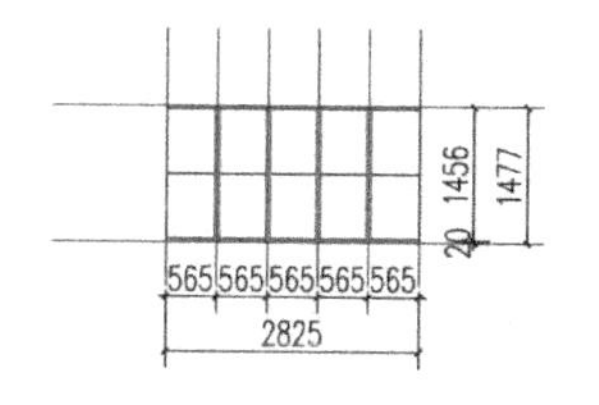

屋顶围护 1 坡面立面图

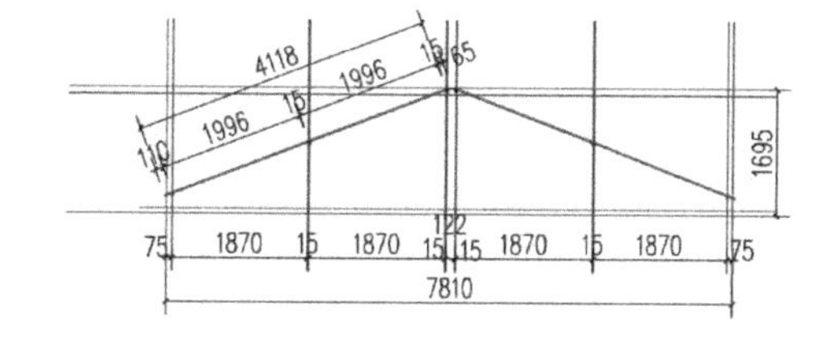

屋顶围护 1 剖面图

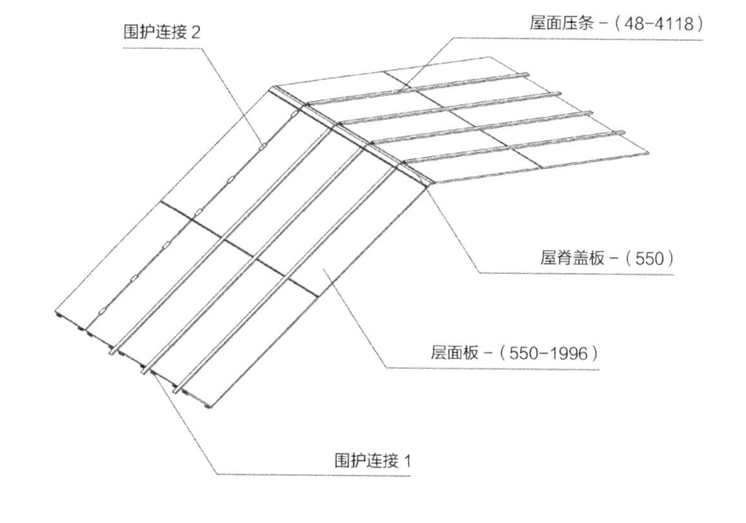

屋顶围护体 1 模型图

图 2-49　屋顶围护体 1

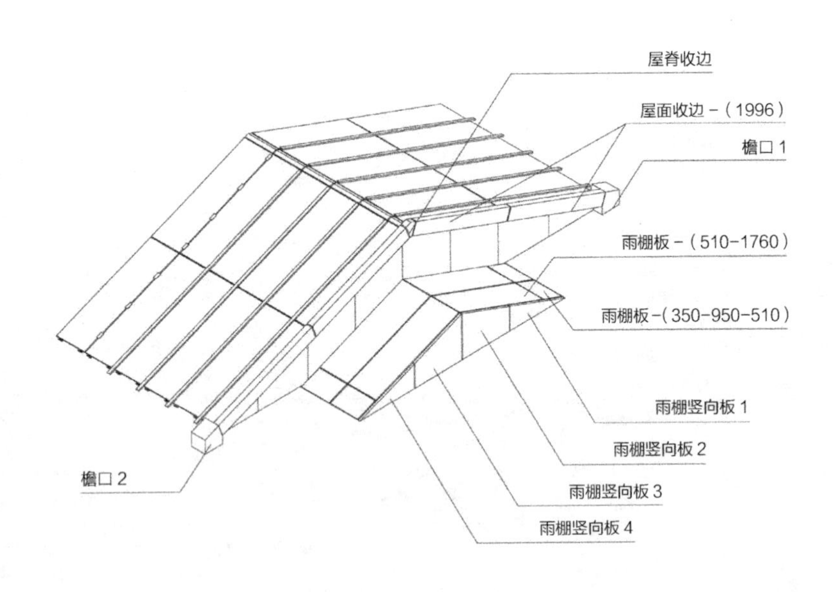

雨棚围护体模型图

屋面压条 -（48-4118）
屋脊盖板 -（280）
屋脊盖板 -（550）
屋面板 -（280-1996）
围护连接 2
屋面板 -（550-1996）
围护连接 1
山墙屋顶内装 1
山墙屋顶内装 2
山墙屋顶内装 3
山墙屋顶内装 4
山墙屋顶内装 5
山墙屋顶内装 6
山墙屋顶内装 7
山墙屋顶内装 8

屋顶围护体模型图

屋顶围护体 2（×3）	
屋面压条 -（48-4118）	8
屋面板 -（550-1996）	20
屋脊盖板 -（550）	5
围护连接 1	100
围护连接 2	56

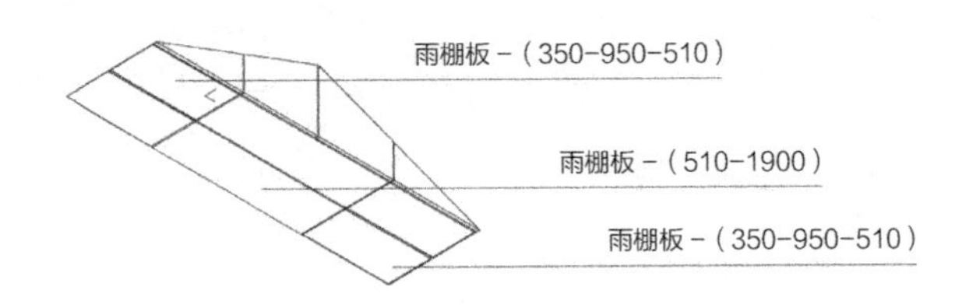

雨棚围护体模型图

图 2-50　屋顶围护体 2 分解图

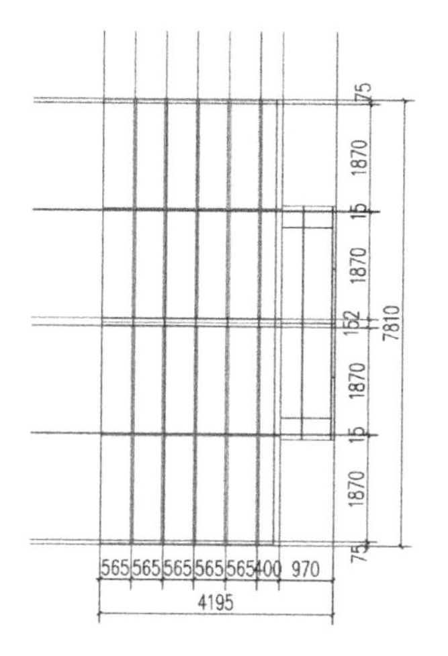

屋顶围护体 2 平面图

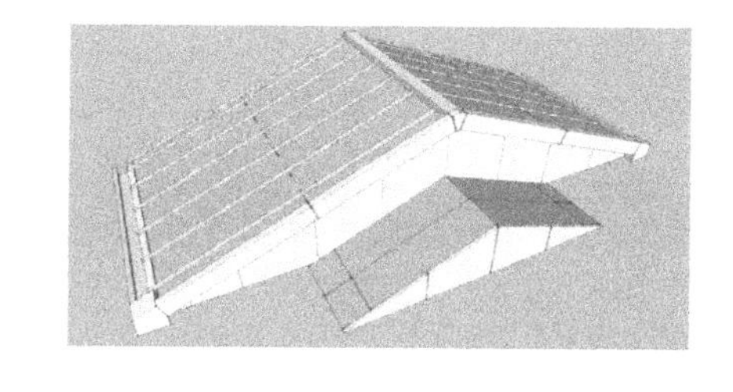

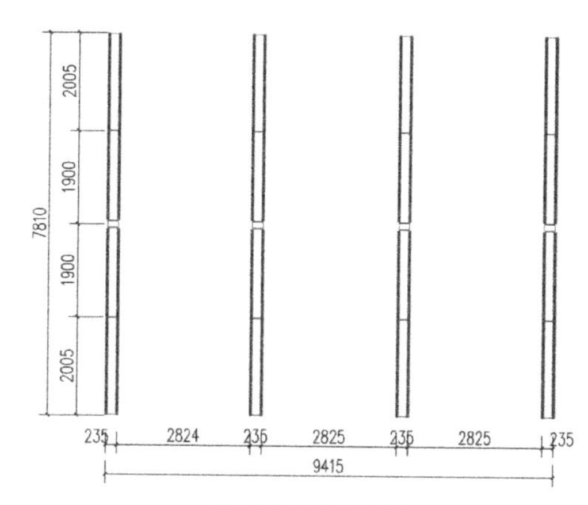

后装屋顶围护平面图

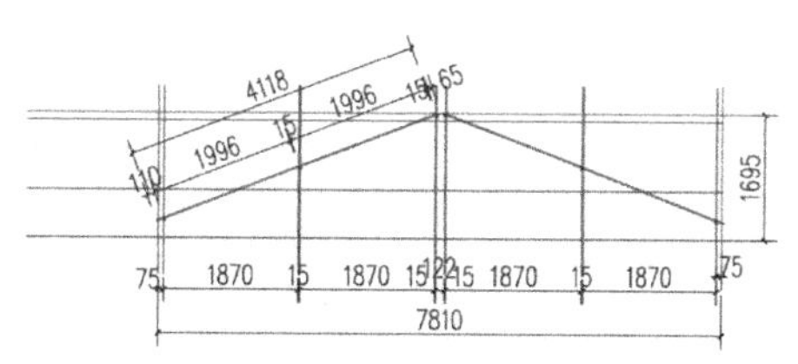

屋顶结构体 2 立面图

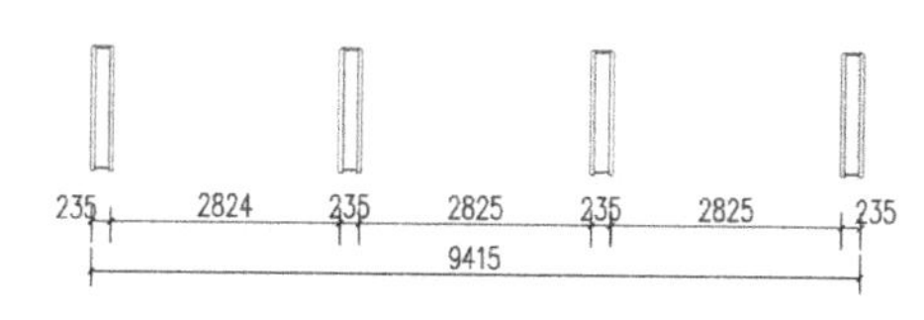

后装屋顶围护横墙立面图

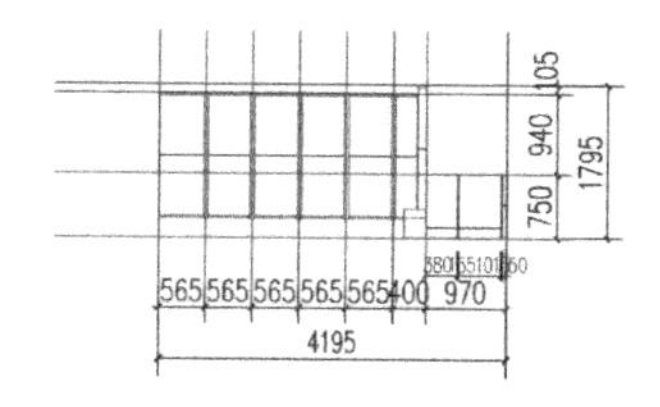

屋顶围护体 2 坡面立面图 1

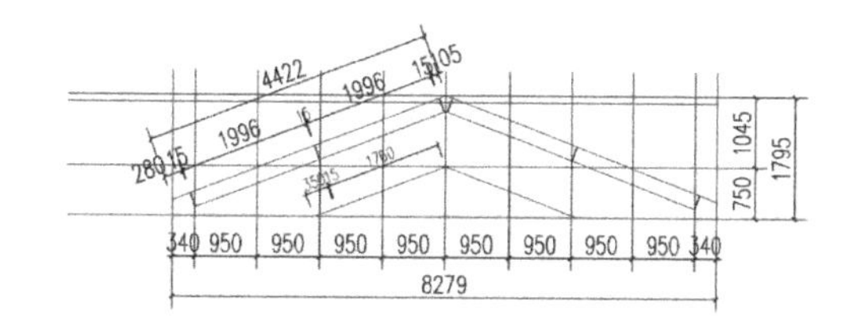

屋顶围护体 2 坡面立面图 2

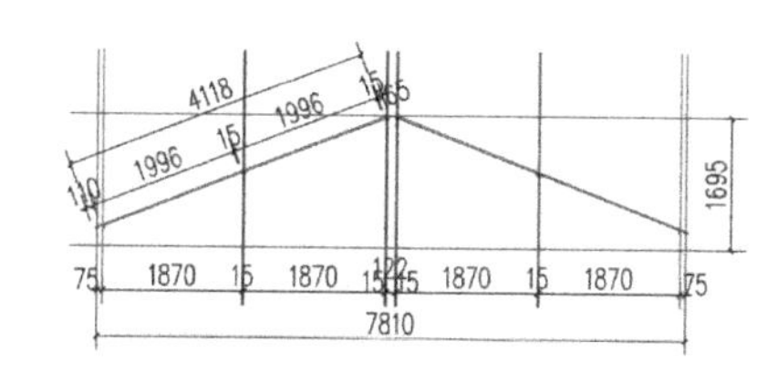

后装屋顶围护剖面图

图 2-51 屋顶围护体 2

图 2-52 屋顶后装体

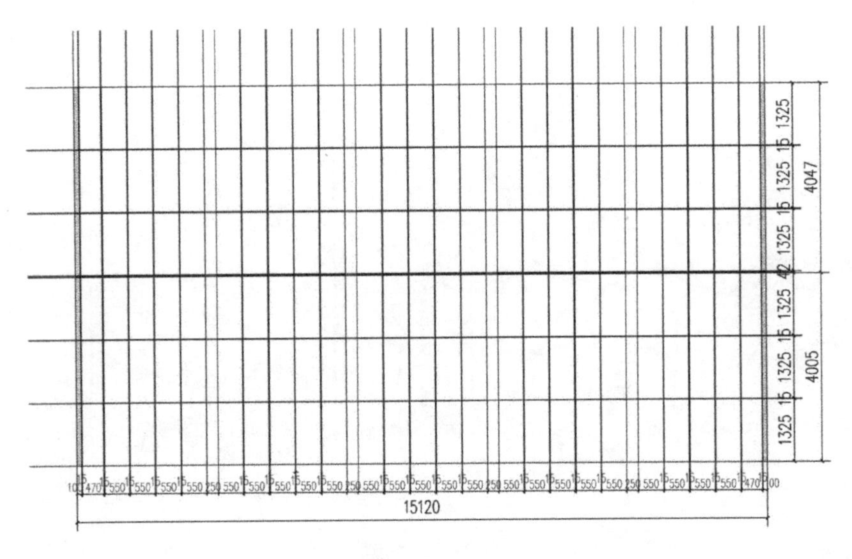

屋顶内装平面展开图

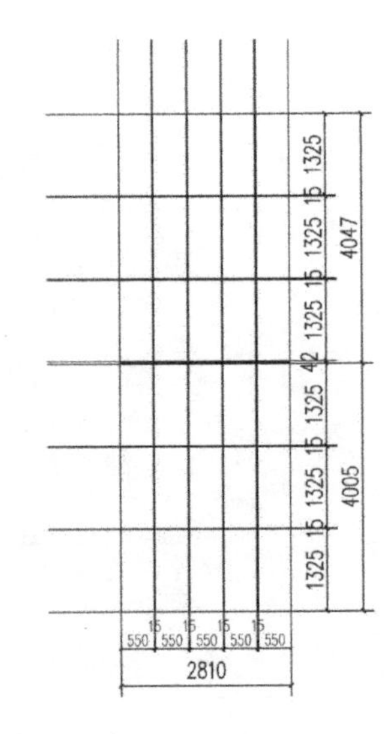

屋顶内装 1 平面展开图

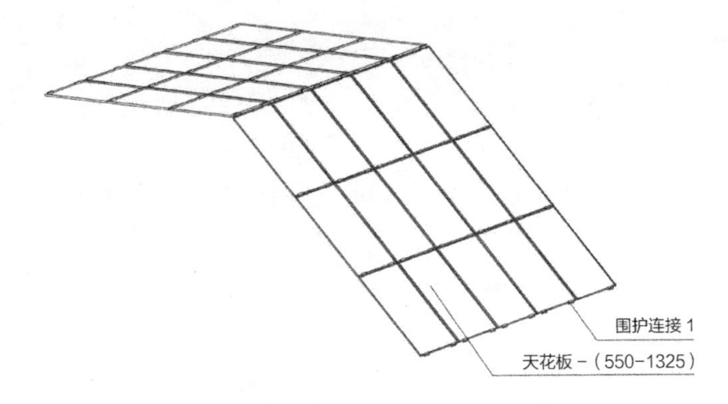

屋顶天花板 1 模型图

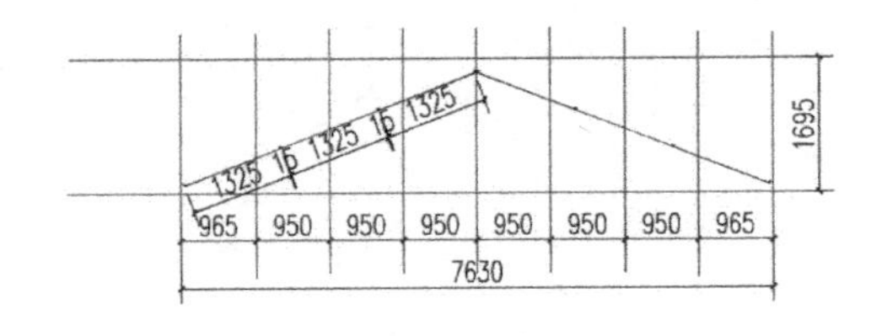

屋顶内装 1 剖面图

图 2-53　屋顶内装 1

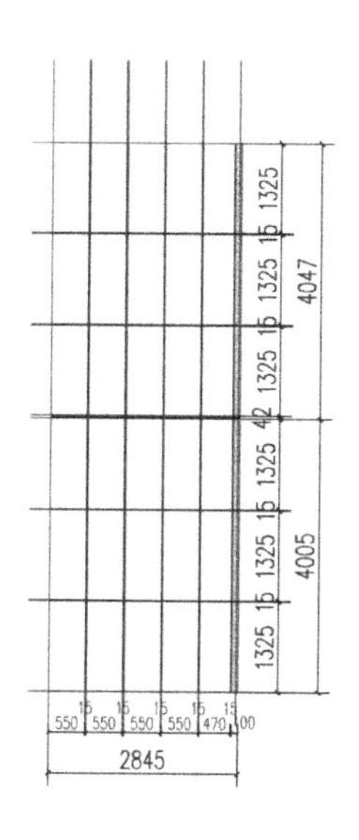

屋顶内装 2 平面展开图

屋顶内装 2 剖面图

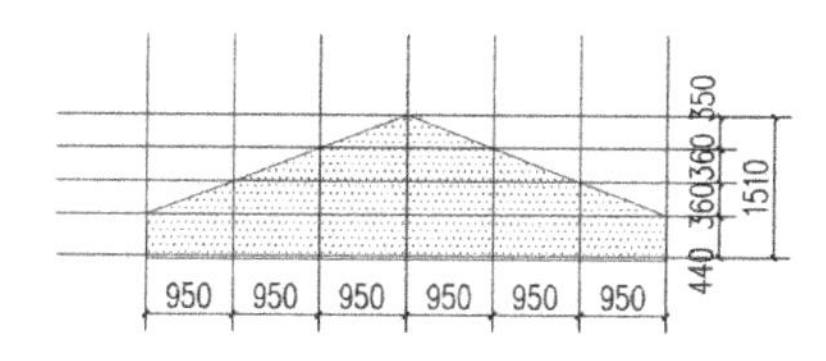

屋顶内装 2 平面图

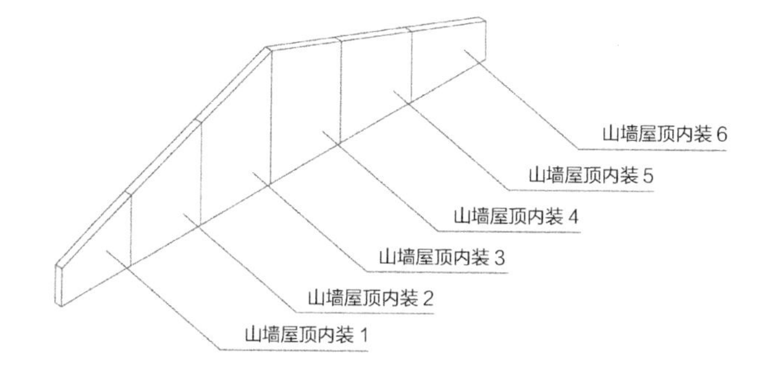

山墙内装板模型图

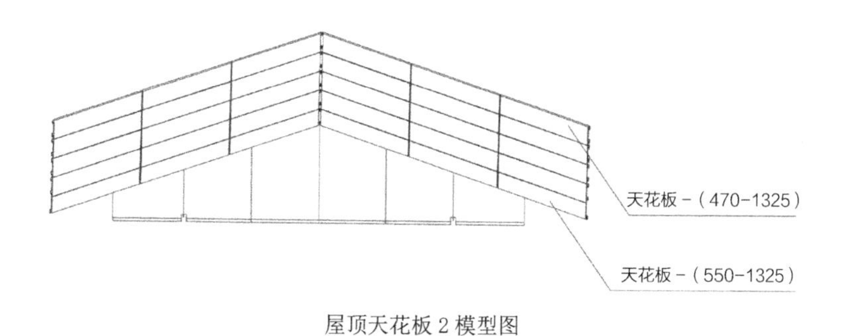

屋顶天花板 2 模型图

屋顶内装 2（×2）	
山墙屋顶内装 1	1
山墙屋顶内装 2	1
山墙屋顶内装 3	1
山墙屋顶内装 4	1
山墙屋顶内装 5	1
山墙屋顶内装 6	1
天花板 -（550-1325）	24
天花板 -（470-1325）	6
围护连接 1	1

图 2-54　屋顶内装 2

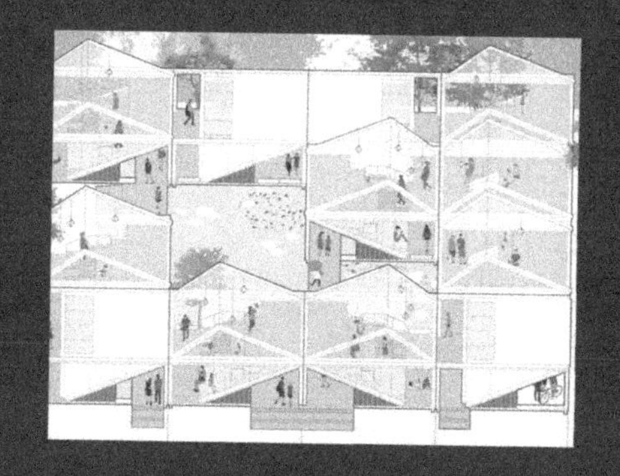

3 轻型结构

『书蜗』悦读空间

3.1 项目简介

书蜗是建筑设计与物联模式结合的可移动模块化建筑，单元大小约为3m×5m×3m。书蜗的建筑造型以贝壳为原型，在轻钢结构的支持下，其屋顶可以通过液压杆自由开合，带来开放和封闭两种空间体验。书蜗底层一半空间架空，不仅可以收纳城市中很多零散的功能，而且不会破坏原有的城市结构。其占地面积极小，但在屋顶打开的状态下却可容纳3—5人。

书蜗内部的集成家具集合了书柜、楼梯、座椅、书桌等功能。模块化的设计免去了施工的烦恼，丰富的组合模式使它能够轻松填补城市的空隙，成为阅读爱好者的临时俱乐部。

不仅如此，人们还可以通过手机APP方便地寻找到周边的书蜗，这些书蜗将会为未来日益信息化的都市创造一个物联阅读网络。

图3-1　实景图1

图 3-2　实景图 2

图 3-3　实景图 3

图 3-4　实景图 4

图 3-5　实景图 5

图 3-6　实景图 6

图 3-7　实景图 7

图 3-8　实景图 8

图 3-9　实景图 9

图 3-10　实景图 10

图 3-11　实景图 11

3.2 技术图纸

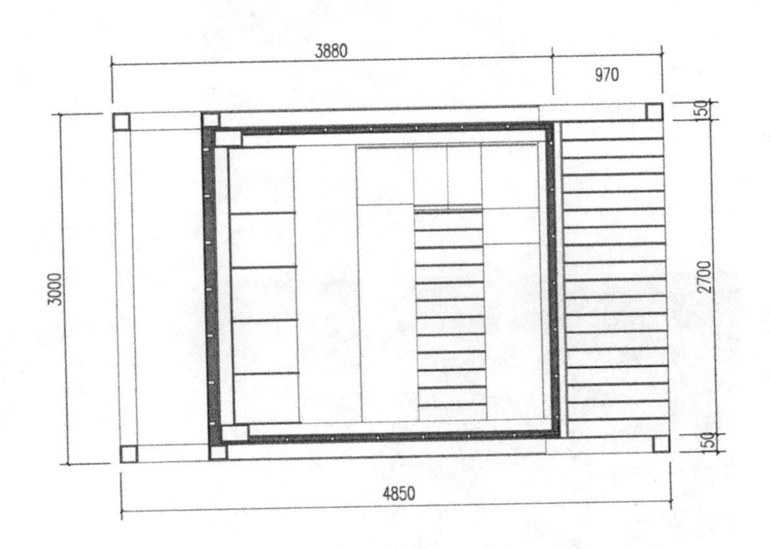

图 3-12　模块关闭时的平面图

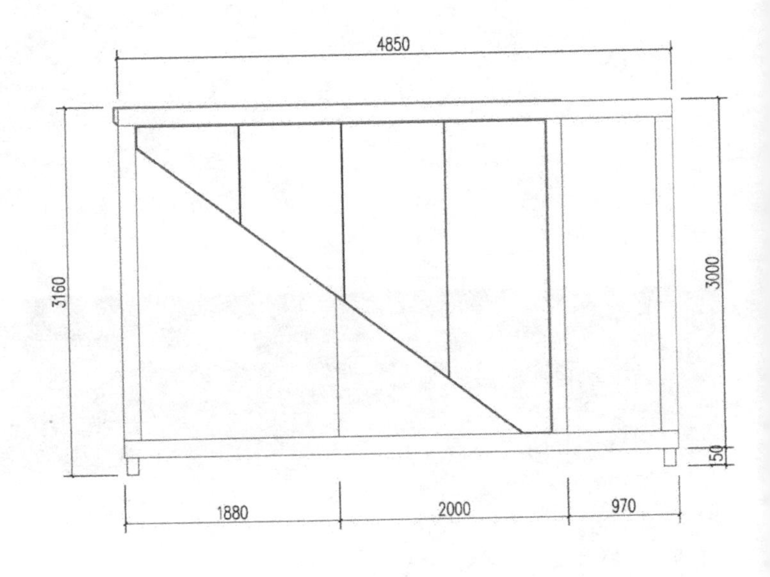

图 3-13　模块关闭时的立面图

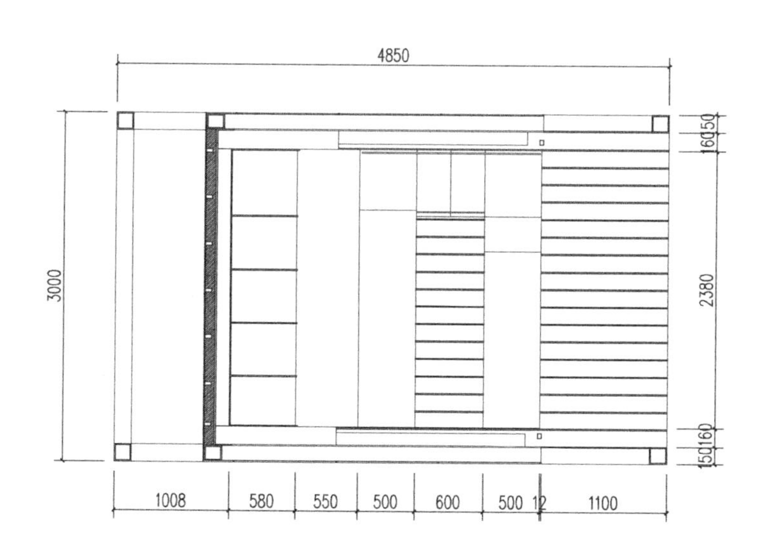

图 3-14　模块打开时的平面图

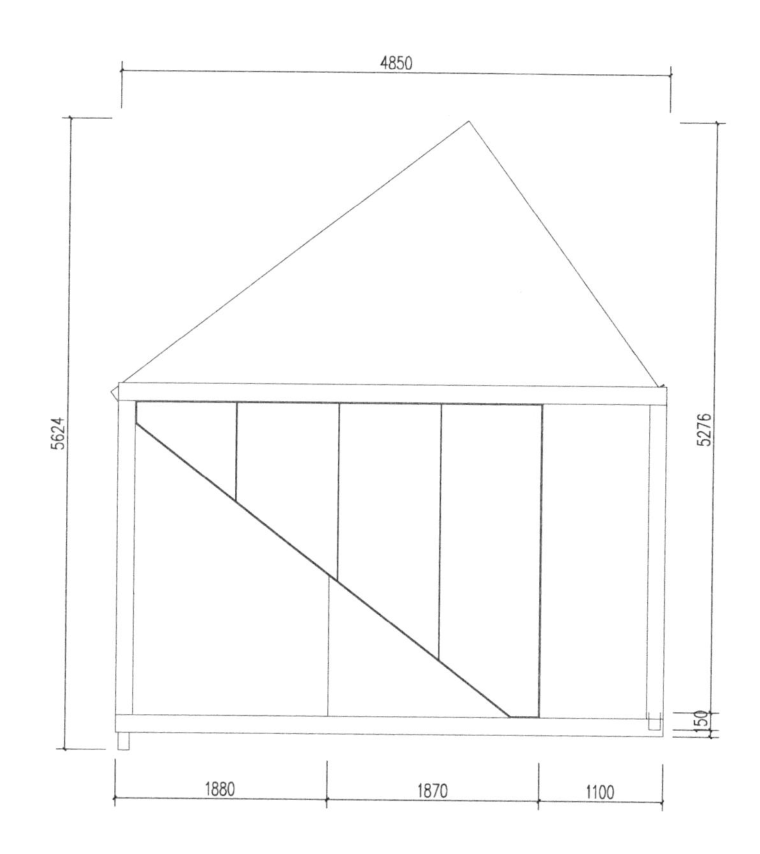

图 3-15　模块打开时的立面图

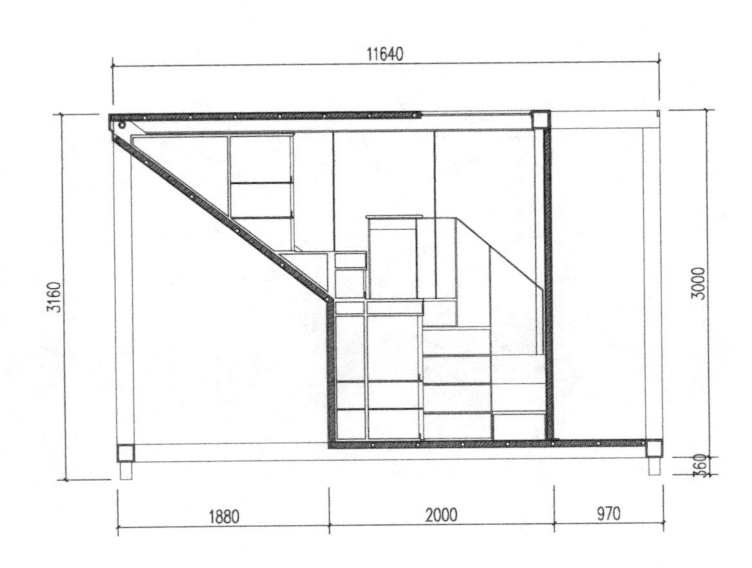

图 3-16　模块关闭时的剖面图

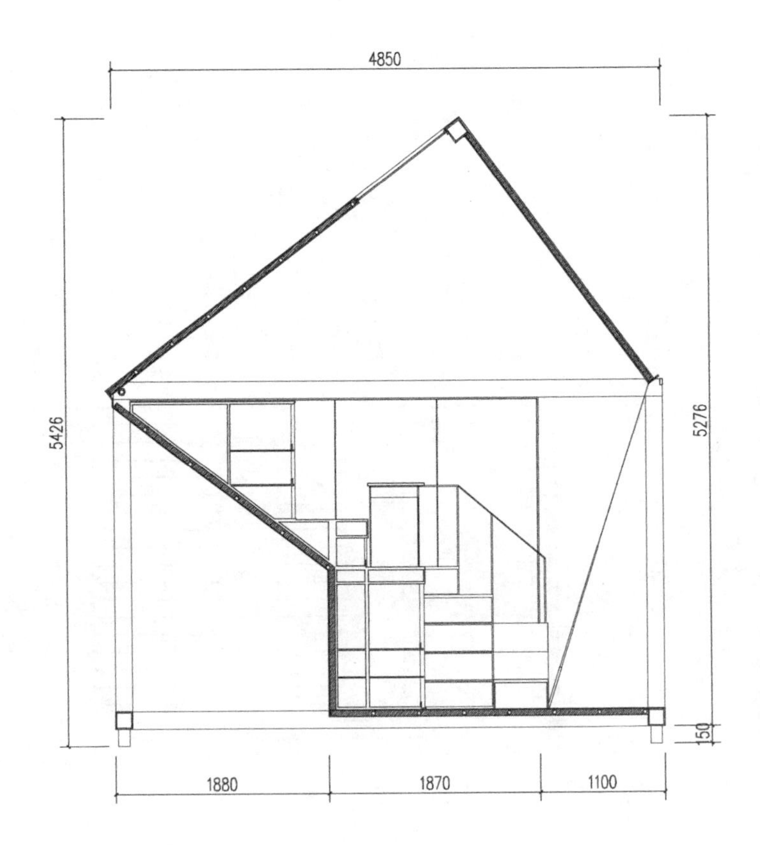

图 3-17　模块打开时的剖面图

3.3 分析图

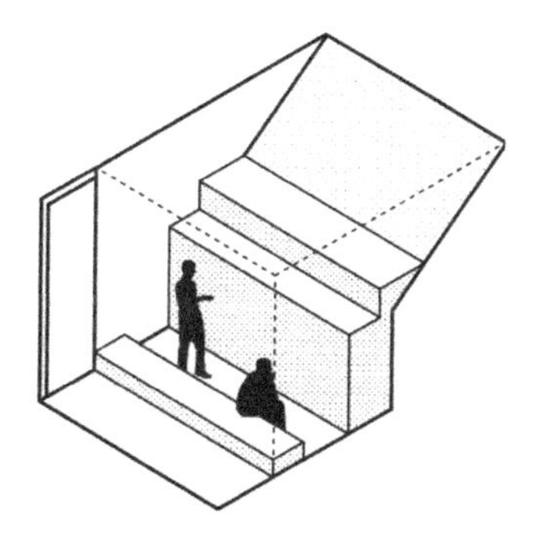

屋盖合上时的阅读模式

顶窗单独采光

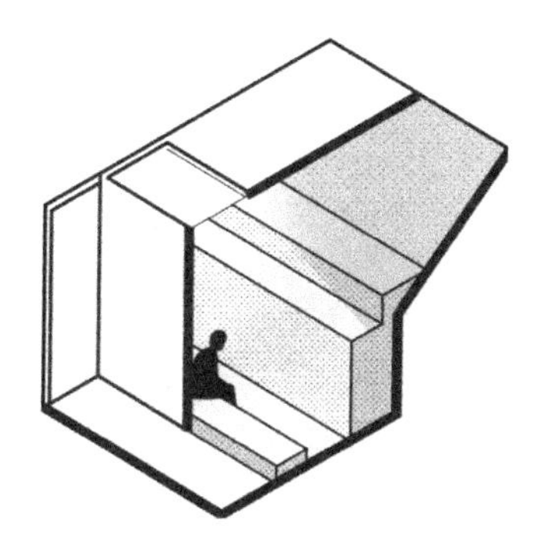

屋盖合上时的采光模式

3—5 人的开放泛读方案

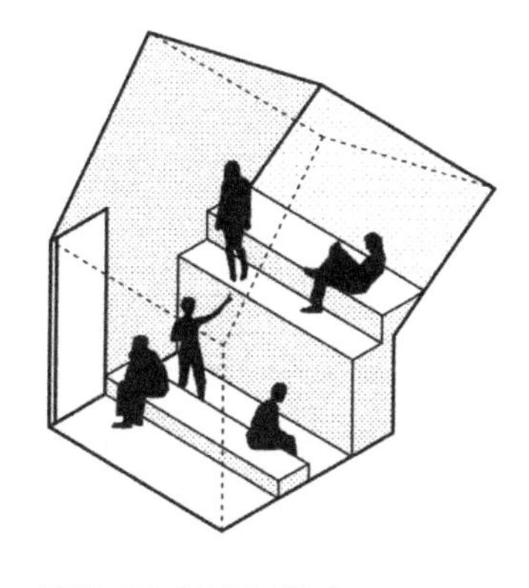

屋盖打开时的阅读模式

顶窗与侧窗共同采光

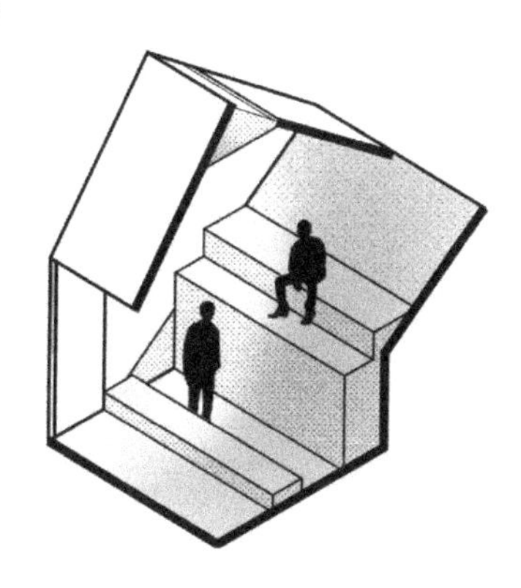

屋盖打开时的采光模式

图 3-18　阅读模式示意图

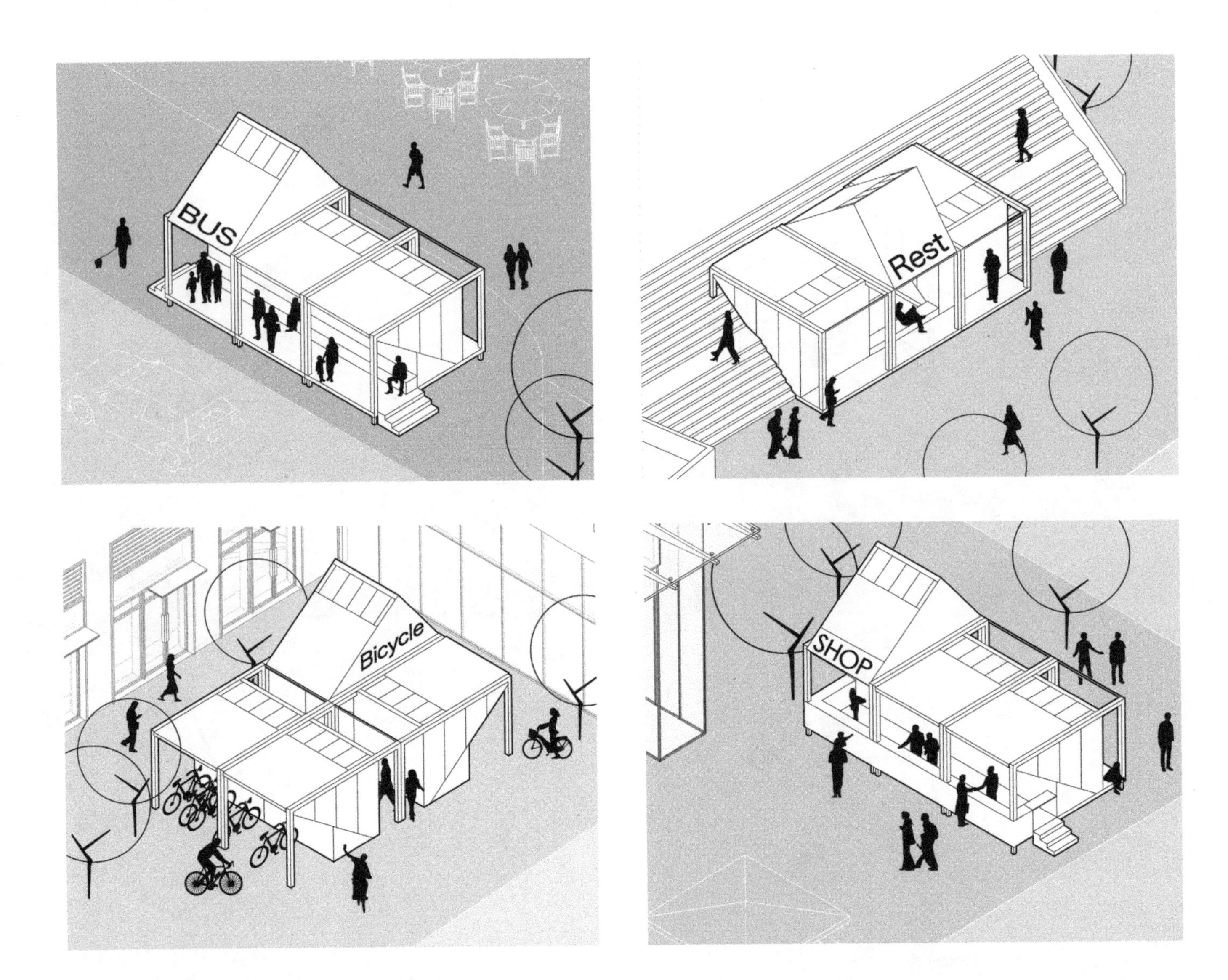

图 3-19　功能模式示意图

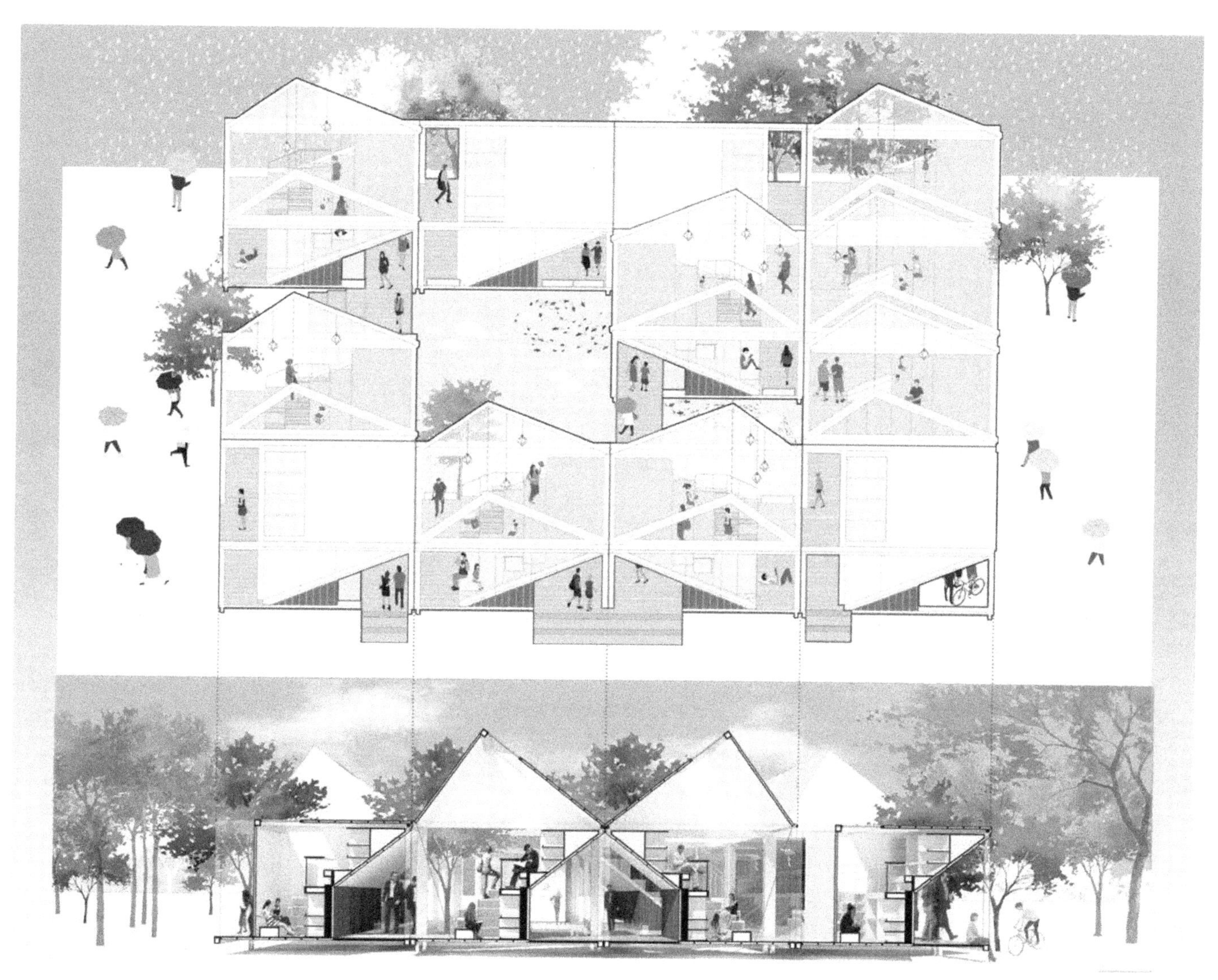

图 3-20　组合模式示意图

4 轻型板式结构

侯家洼村民公共活动中心

4.1 项目简介

本项目为山东省邹城市大束镇侯家洼村的村民公共活动中心，拟建的村级公共活动中心位于正在兴建的侯家洼社区中。该基地毗邻村中主要道路与社区主入口，东部与南部毗邻新建的三层社区居民楼，北部为进入社区的主要道路，隔路有一条较为宽阔流经社区的河流，西边紧邻村级主要道路，道路西边现为大片农田，视野开阔，风景优美。建成后的活动中心将被用来展示农村特色文化并为村民提供一处休闲场所。

本项目为无结构房屋，无结构是一种以NALC板（蒸压轻质加气混凝土板）代替钢结构或PC结构（预制装配式混凝土结构）作为承重主体及围护结构的房屋技术体系，适用于三层及以下建筑。

外墙板安装采用接缝钢筋法，板与板之间采用通长接缝钢筋，灌浆形成钢筋混凝土柱子，顶部伸出钢筋再与楼板钢筋网形成一体整浇，起到了构造柱的作用。内墙板采用管板安装，在需要增加次梁的位置增加内置墙体的矩形管，同样起到了构造柱的作用。

楼板采用125厚NALC板，叠合75现浇混凝土，NALC板可以直接作为底模板，将混凝土结构层钢筋网通过绑扎或焊接的方式与梁、柱钢筋形成一体，整浇后形成200厚叠合楼板。

图4-1　实景图1

图 4-2　实景图 2

图 4-3　实景图 3

图 4-4　实景图 4

图 4-5　实景图 5

图 4-6　实景图 6

图 4-7　实景图 7

4.2 技术图纸

4.2.1 基本图纸

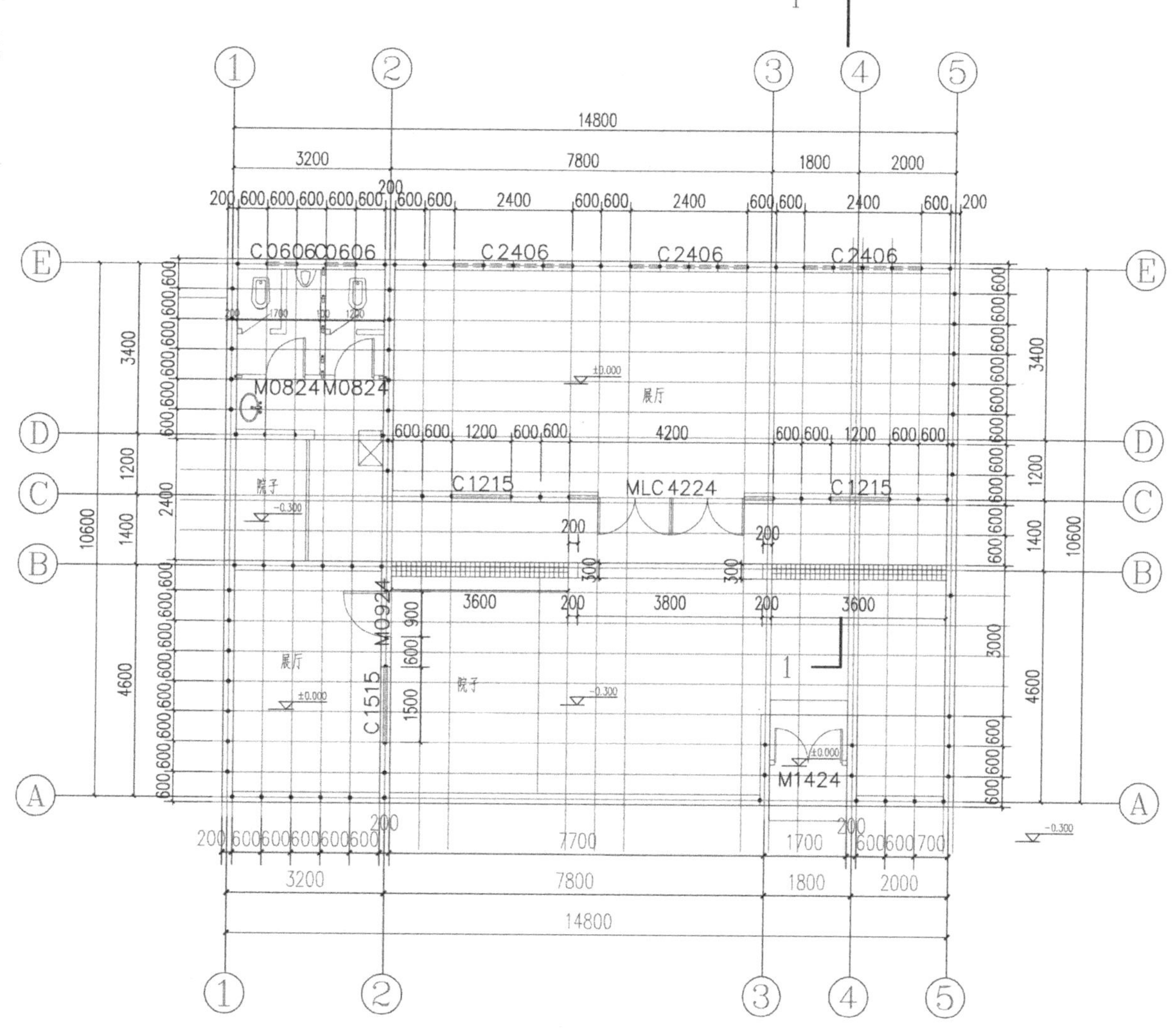

图 4-8　平面图

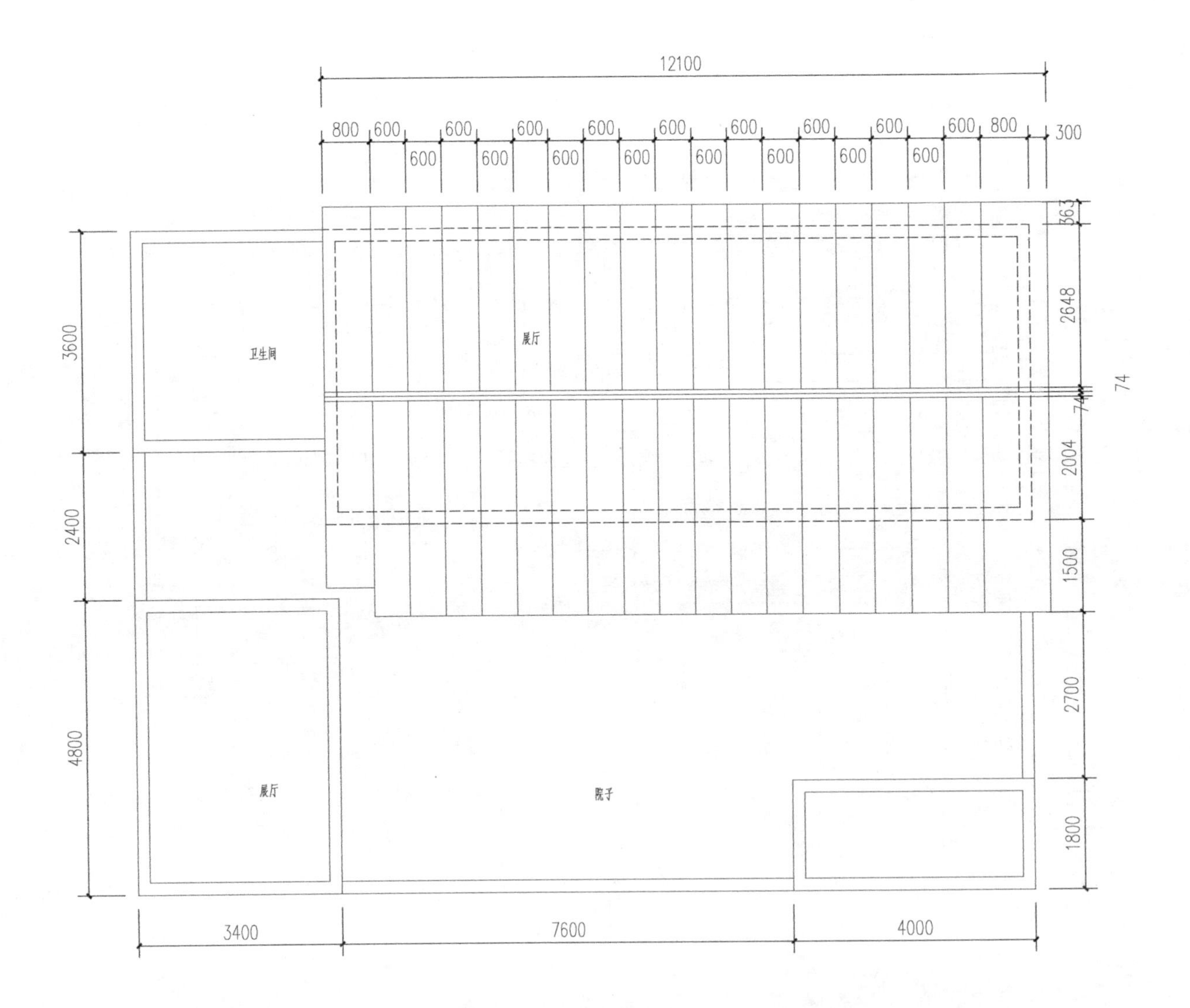

12100
800
600
600
600
600
600
600
600
600
600
600
800
300
卫生间
展厅
展厅
院子
3600
2400
4800
363
2648
74
2004
1500
2700
1800
3400
7600
4000

图 4-9 屋顶平面图

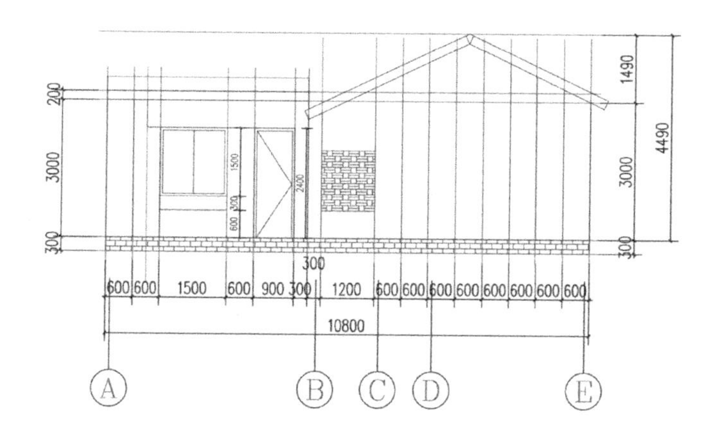

图 4-10　Ⓐ－Ⓔ立面图

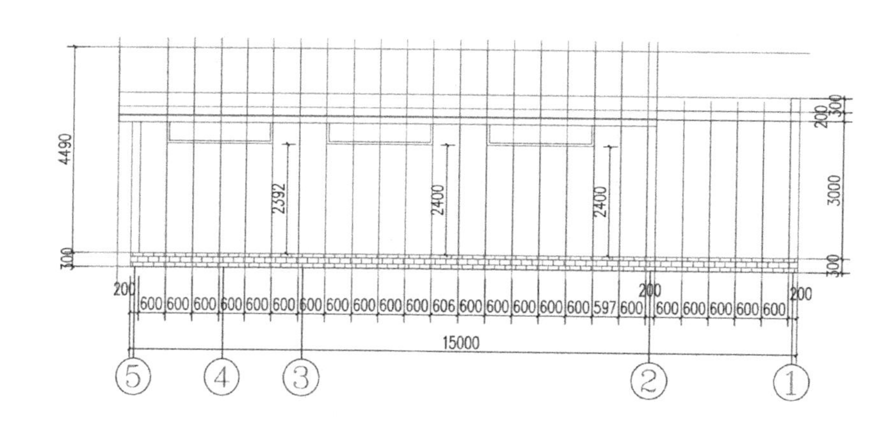

图 4-11　⑤－①立面图

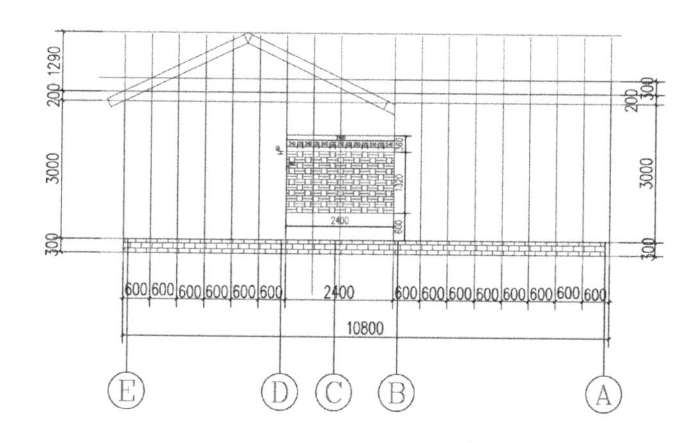

图 4-12　Ⓔ－Ⓐ立面图

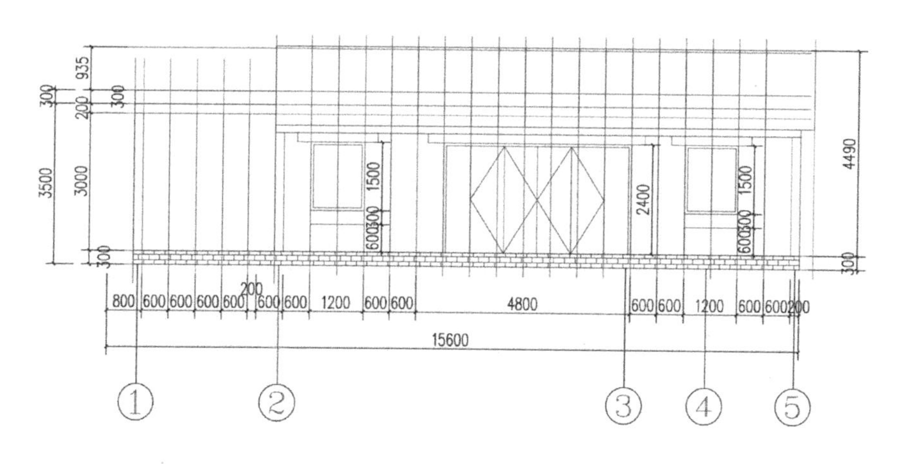

图 4-13　①－⑤立面图

图 4-14　实景图 8

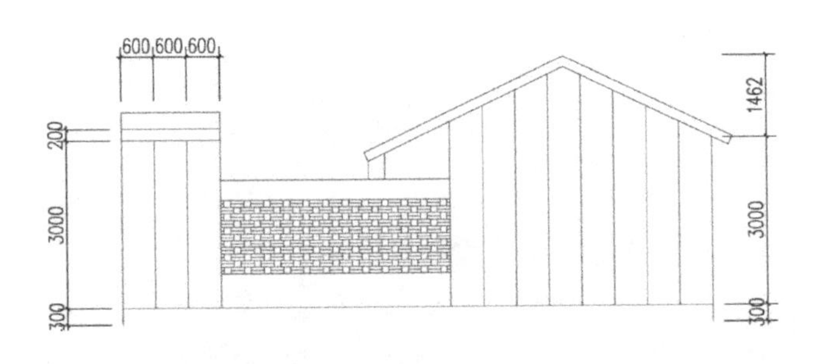

图 4-15　Ⓐ-Ⓔ围墙立面图

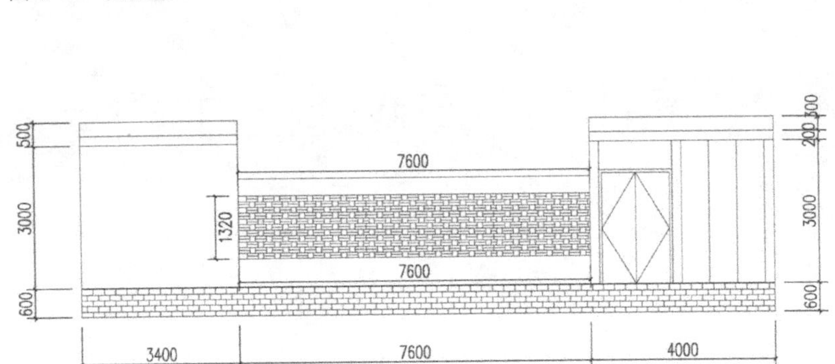

图 4-16　①-⑤围墙立面图

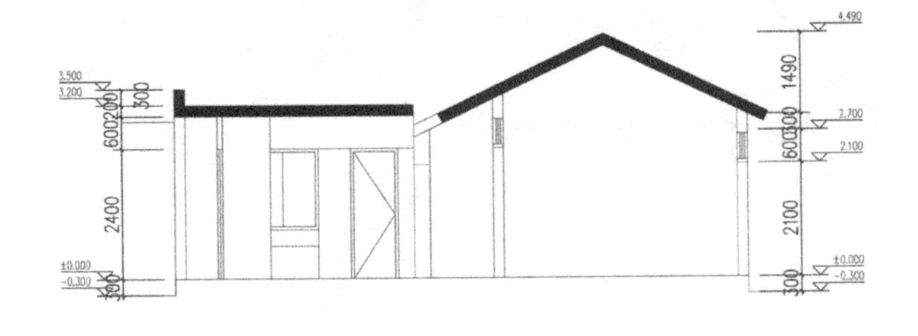

图 4-17　1-1 剖面图

4.2.2 模块分解 · 墙体

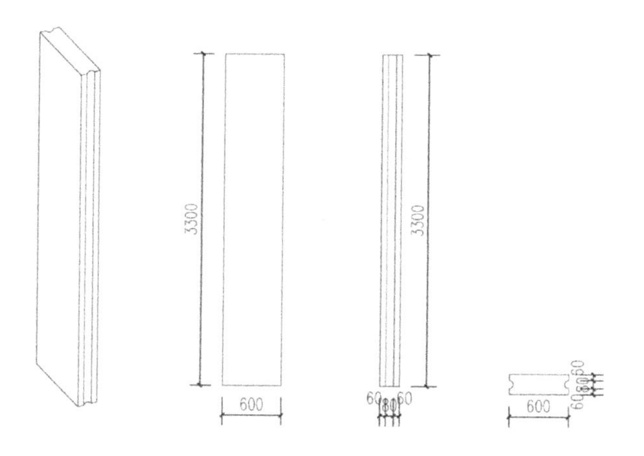

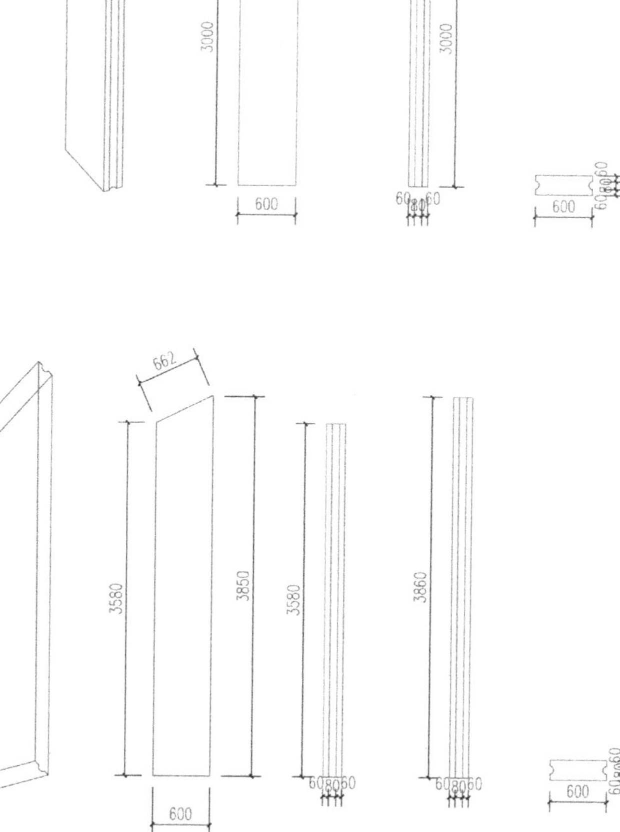

图 4-18 普通位置外墙模块

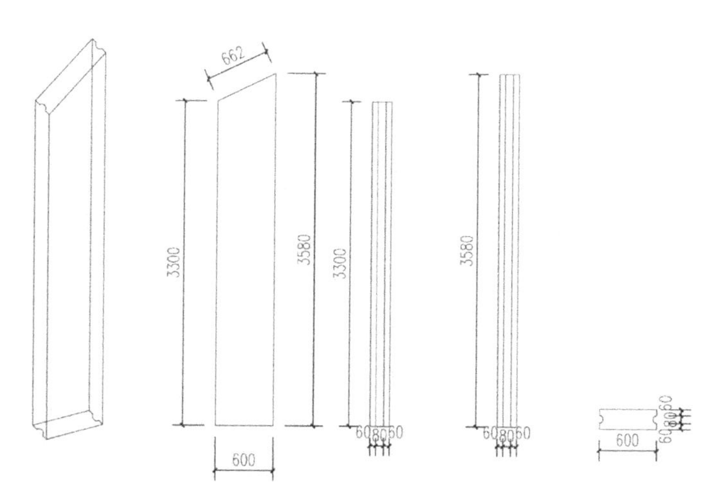

图 4-19 山墙模块 1

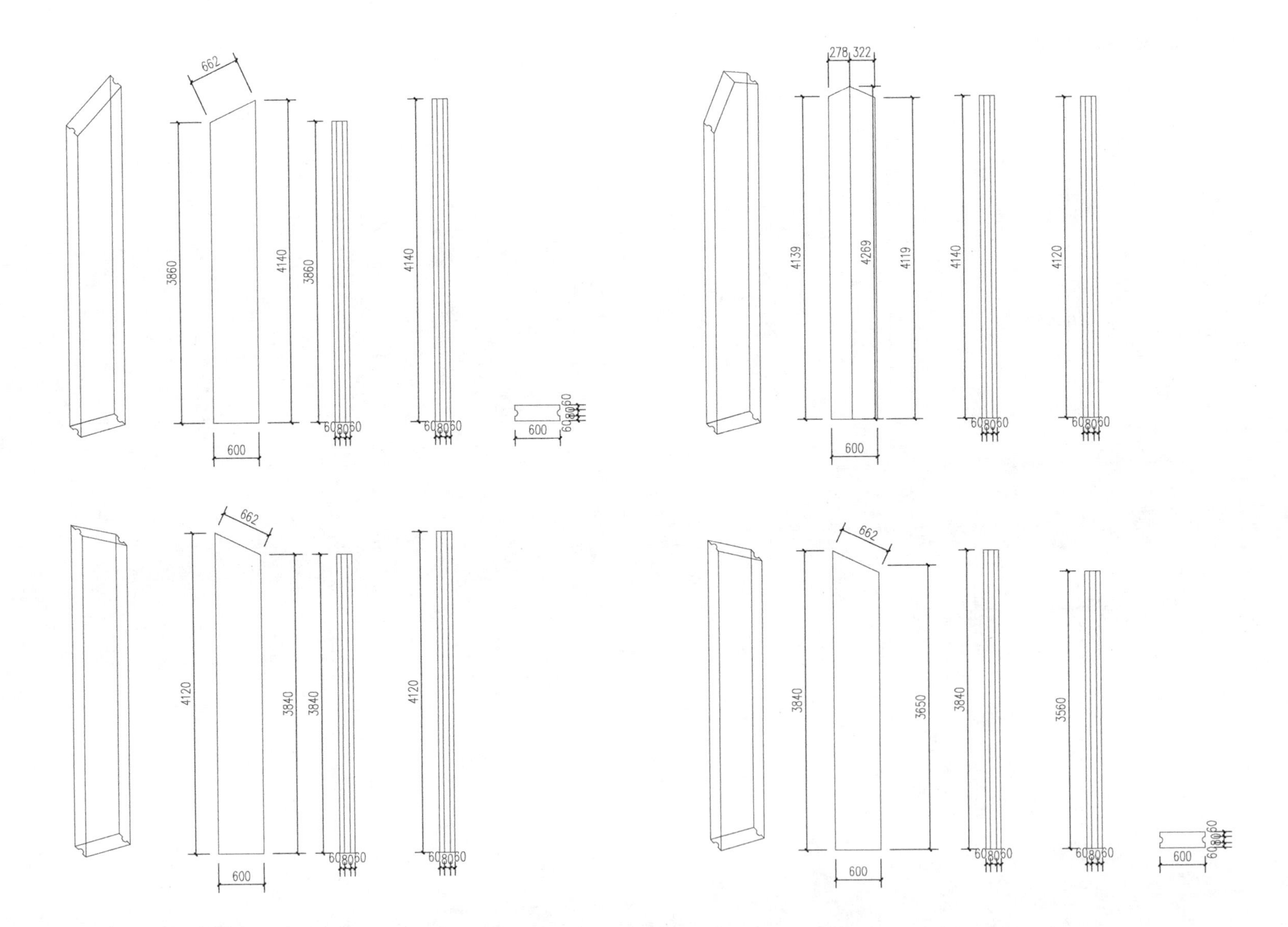
662
3860
4140
3860
4140
600
60 80 60
600
60 80 60
278 322
4139
4269
4119
4140
4120
600
60 80 60
60 80 60
662
4120
3840
3840
4120
600
60 80 60
60 80 60
662
3840
3650
3840
3560
600
60 80 60
60 80 60
600
60 80 60

图 4-20　山墙模块 2

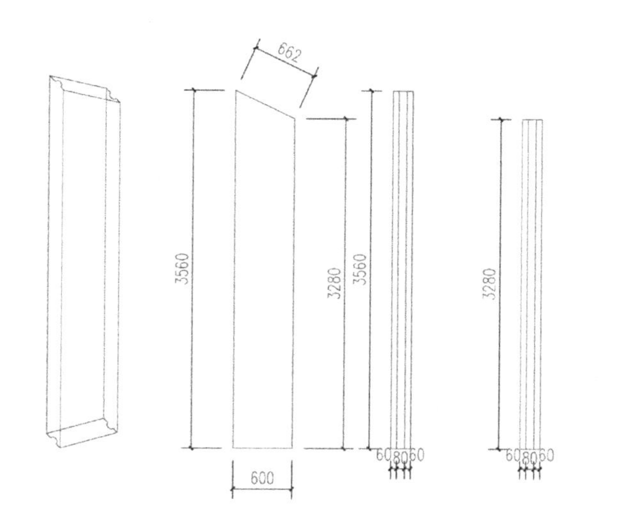

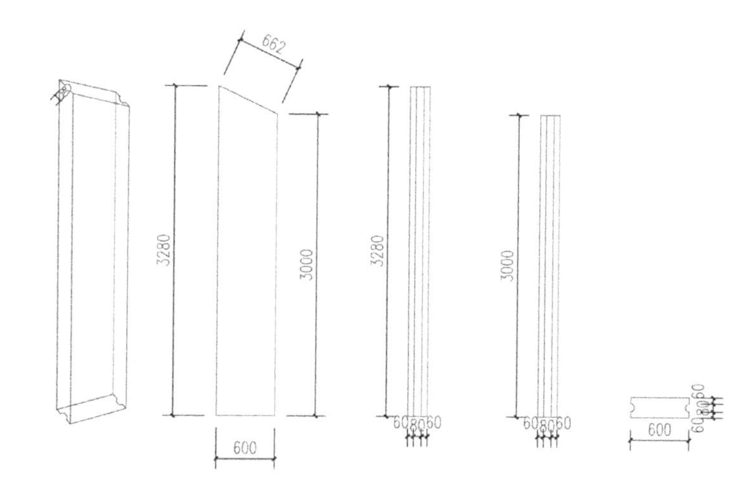

图 4-21　山墙模块 3

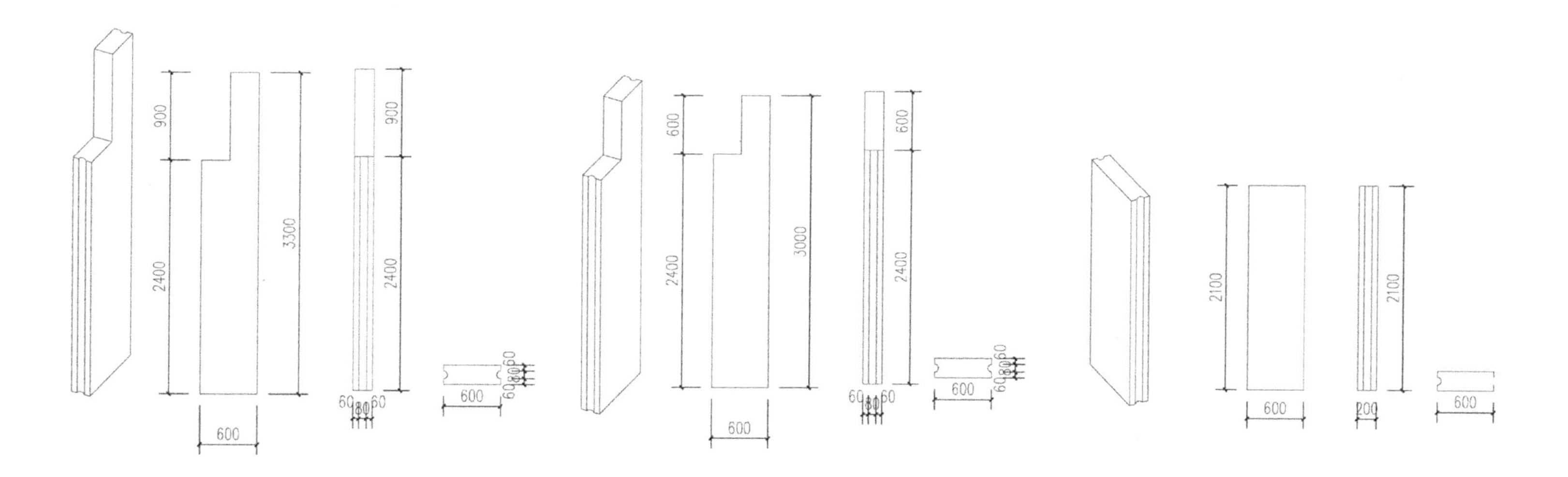

图 4-22　门窗位置模块 1

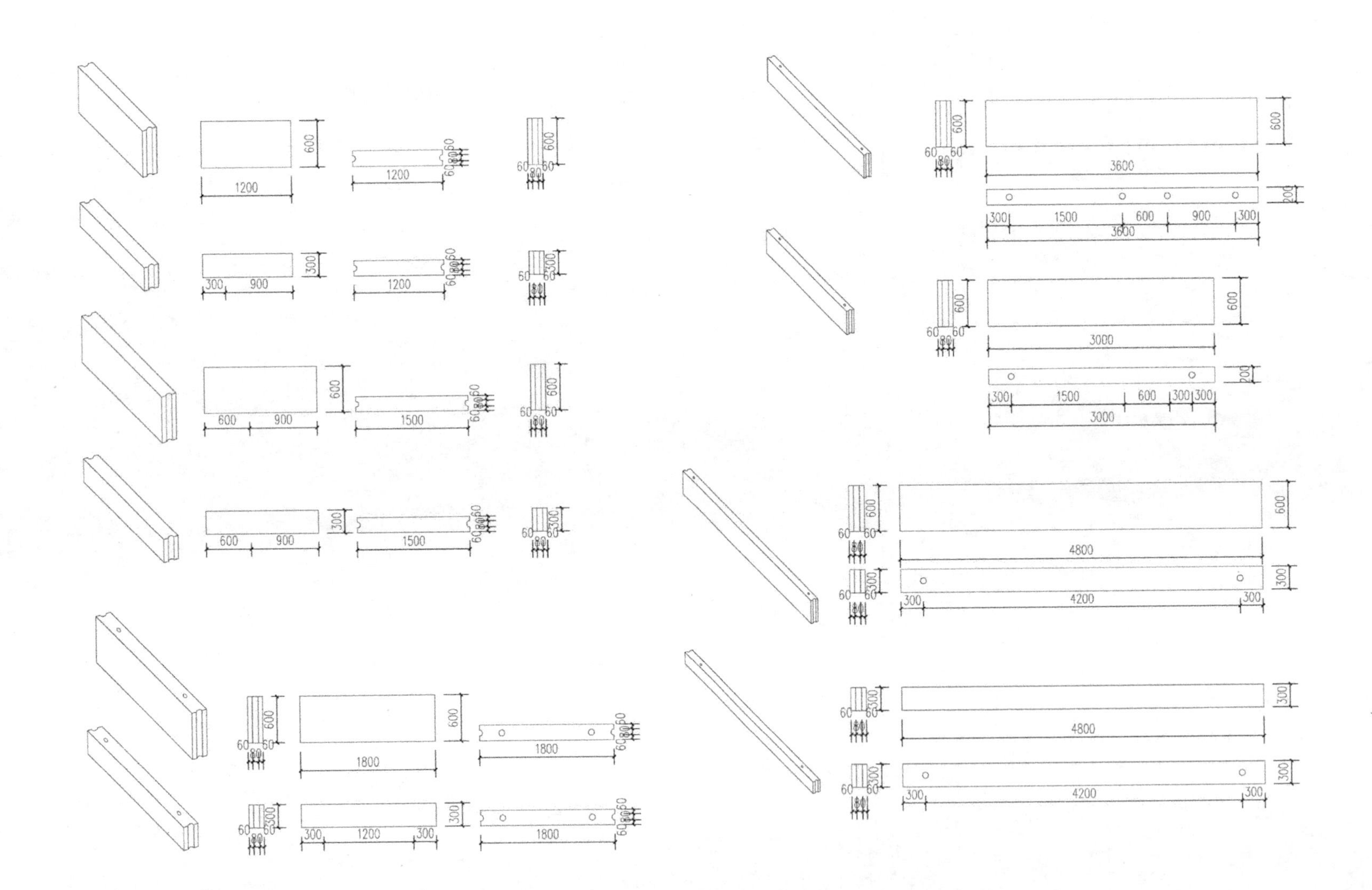

图 4-23　门窗位置模块 2

4.2.3 模块分解 · 屋顶

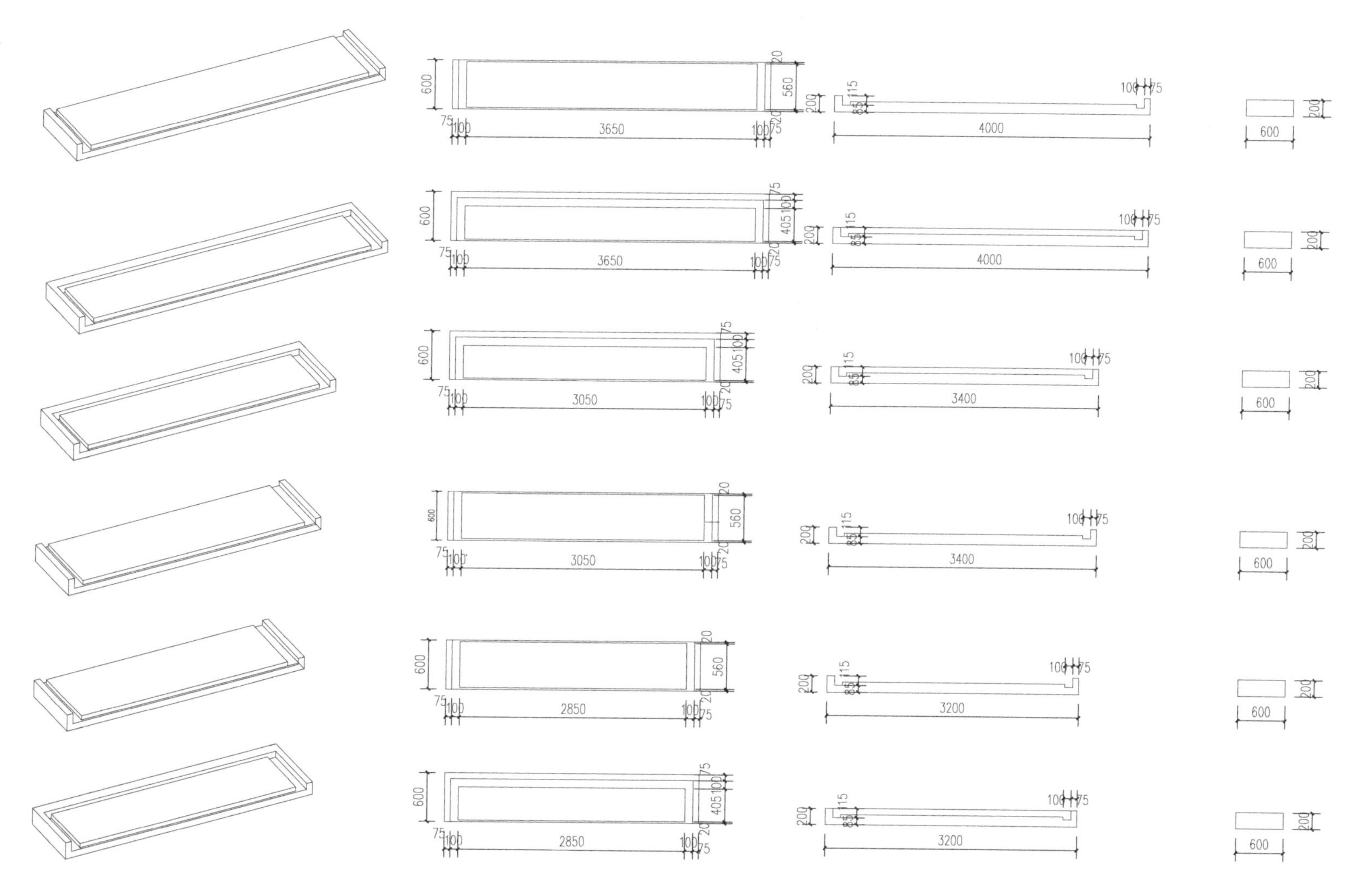

图 4-24 平屋顶位置模块

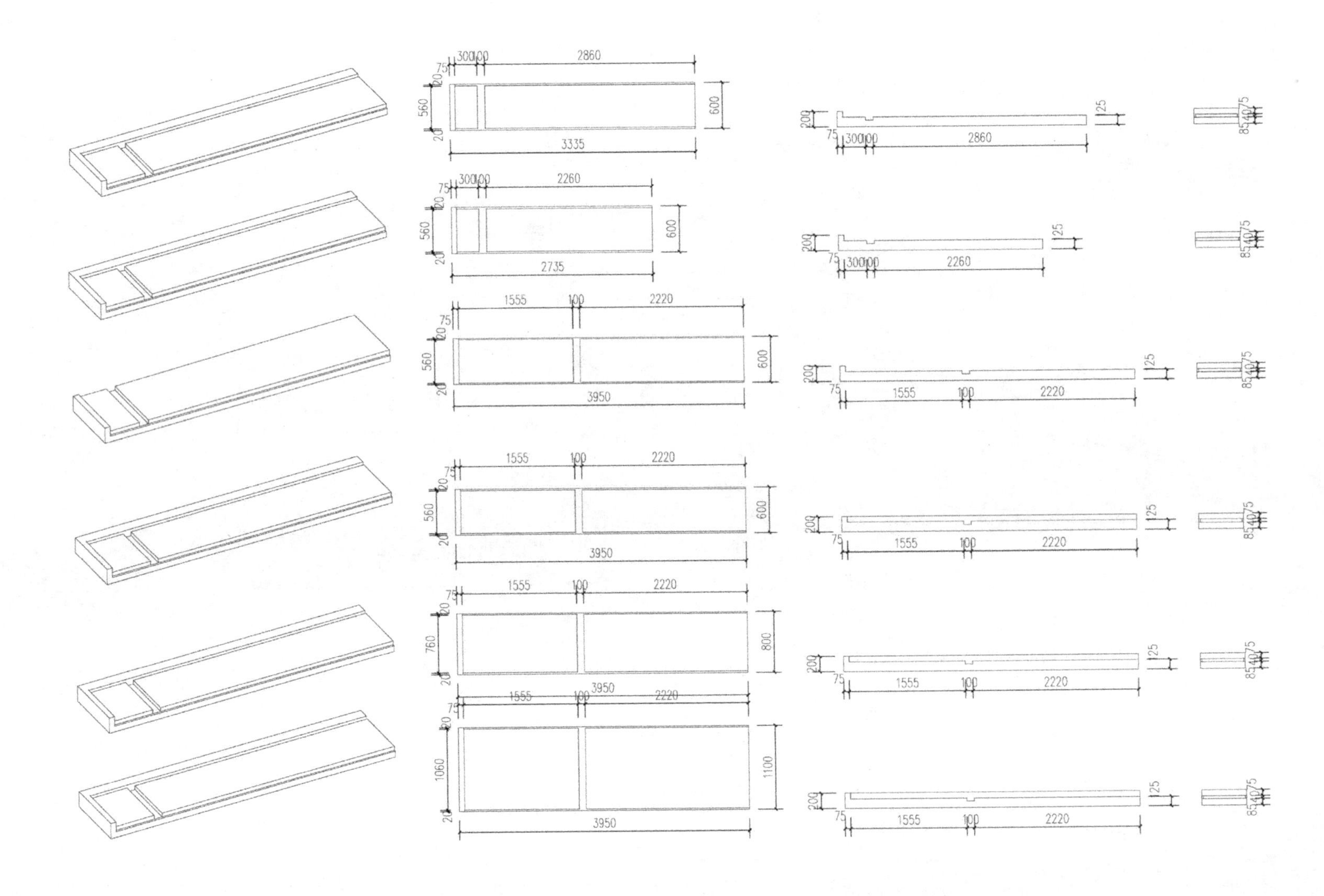

图 4-25　坡屋顶位置模块

4.2.4 构造大样 · 基础与墙体连接

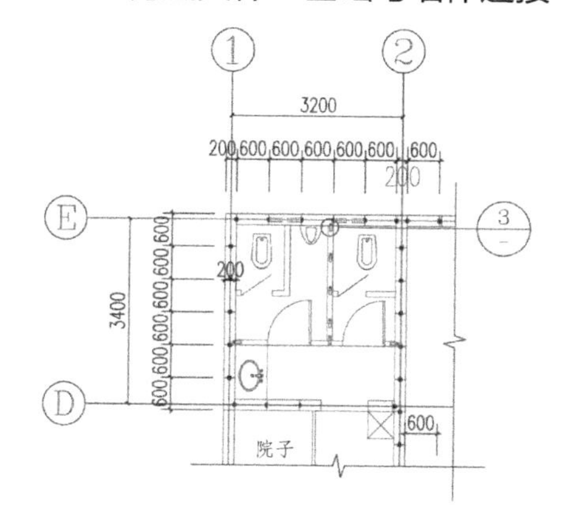

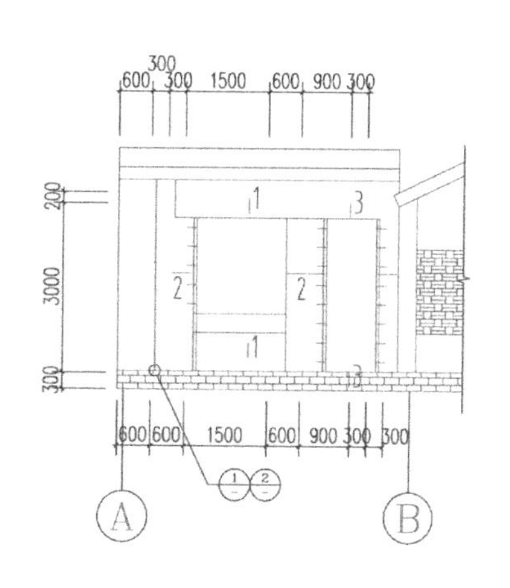

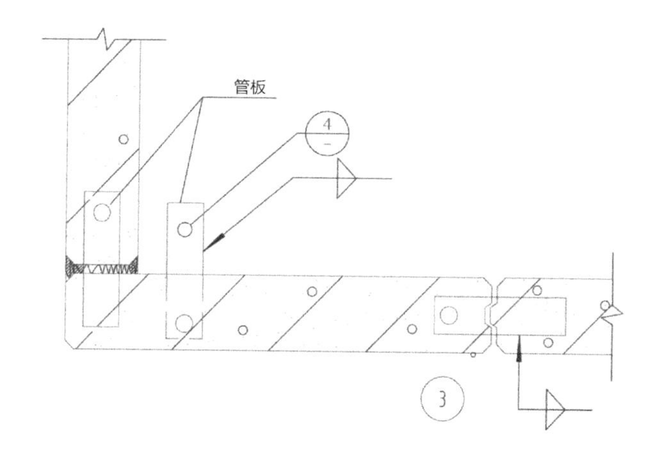

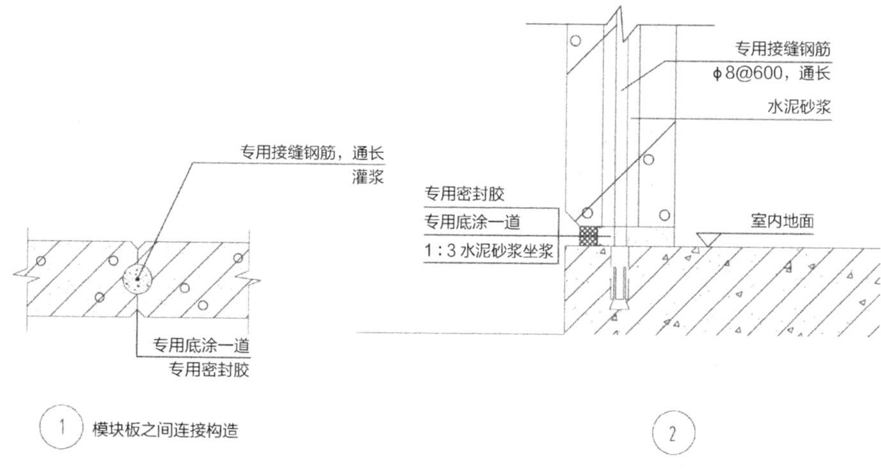

模块板之间连接构造

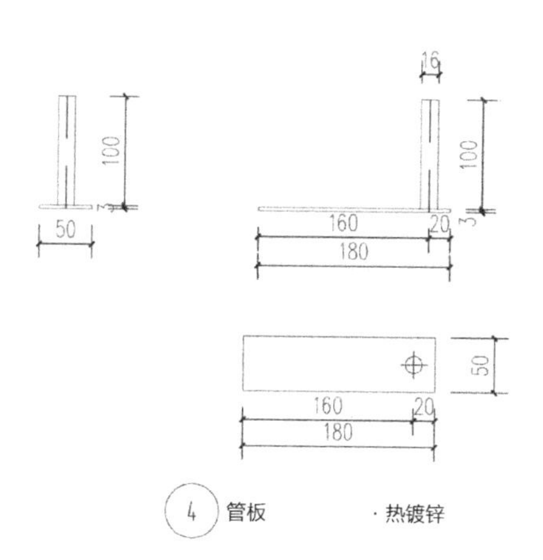

管板 · 热镀锌

图 4-26 基础与墙体连接构造节点

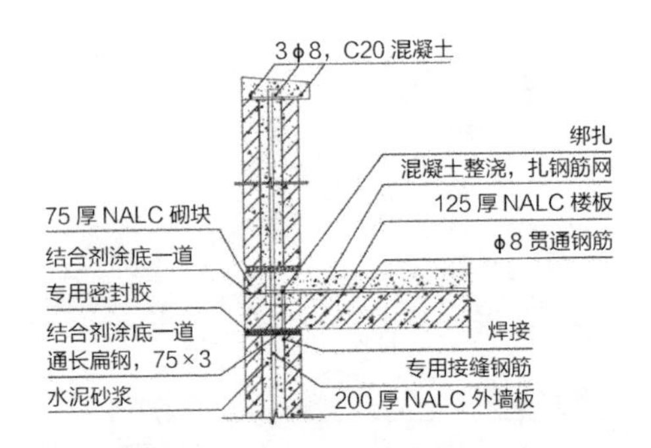

平屋顶与主体墙女儿墙构造节点

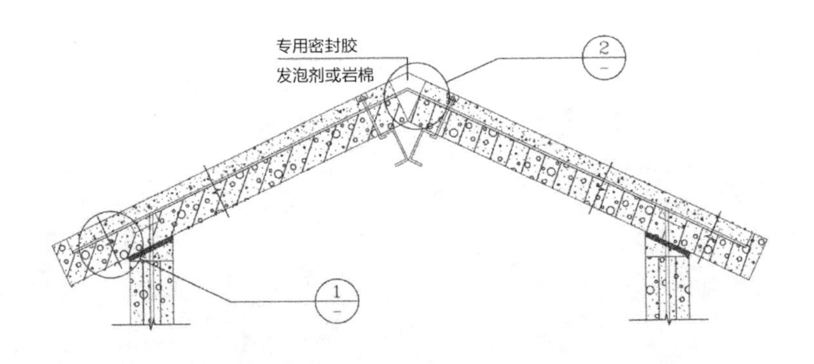

坡屋顶与主体墙女儿墙构造节点

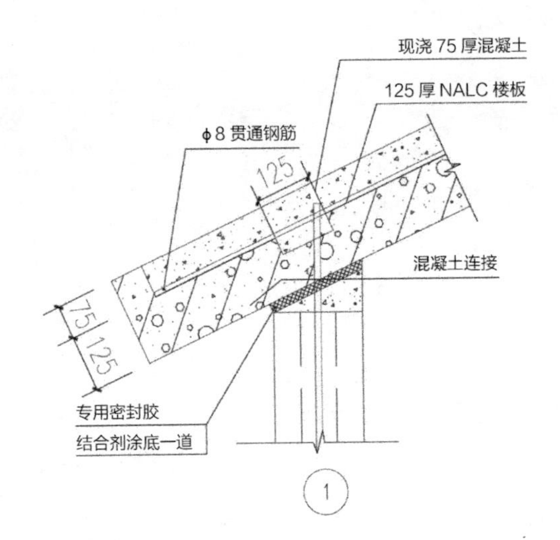

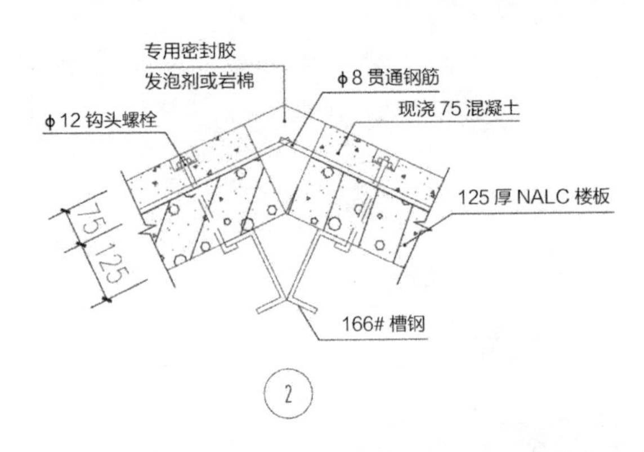

图 4-27　屋顶与墙体连接构造节点